Das bietet Ihnen die CD-ROM

Diese CD-ROM bietet Ihnen die Möglichkeit, Ihre Controlling-Kenntnisse zu überprüfen, aufzufrischen und zu erweitern:

Training zum Buch

Mithilfe der zahlreichen Trainingsaufgaben überprüfen und vertiefen Sie Ihr Wissen. Zu jeder Aufgabe können Sie Ihre Ergebnisse mit einer Musterlösung vergleichen.

Rechner

Die Rechner ermöglichen es Ihnen, individuelle Zahlen aus Ihrer Praxis oder einer Übung einzugeben und dadurch wichtige Kennzahlen schnell und korrekt zu ermitteln.

- Ermittlung betriebsnotwendiges Kapital
- Betriebsabrechnungsbogen (BAB)
- Kalkulation Stückfertigung (Einzelfertigung) auf Teilkostenbasis
- Einfache und differenzierte Zuschlagskalkulation
- Ermittlung Maschinen- und Teilkosten-Stundensatz
- Vor- und Nachkalkulation
- Prozesskostenrechnung
- Zielkosten-Kontrollmatrix

Checklisten und Zusammenfassungen

Checklisten verschaffen Ihnen einen Überblick über alle notwendigen Arbeitsschritte und helfen Ihnen dabei, den Fortschritt zu dokumentieren.

Zusammenfassungen bringen umfangreiche und komplexe Sachverhalte auf den Punkt und machen sie so klarer und einprägsamer.

Bibliographische Information Der Deutschen Bibliothek

Die Deutsche Bibliothek verzeichnet diese Publikation in der Deutschen National-
bibliographie; detaillierte bibliographische Daten sind im Internet über
http://dnb.ddb.de abrufbar.

ISBN-10: 3-448-06206-5   Bestell-Nr. 01428-0001
ISBN-13: 978-3-448-06206-9

© 2006, Rudolf Haufe Verlag GmbH & Co. KG
Niederlassung München
Redaktionsanschrift: Postfach, 82142 Planegg
Hausanschrift: Fraunhoferstraße 5, 82152 Planegg
Telefon: (089) 895 17-0
Telefax: (089) 895 17-290
www.haufe.de
online@haufe.de
Lektorat: Dipl.-Kffr. Kathrin Menzel-Salpietro

Redaktion: Kai Oppel, 80637 München
Desktop Publishing: Helmut Haunreiter, 84533 Marktl
Umschlag: HERMANNKIENLE, 70199 Stuttgart
Druck: Bosch-Druck GmbH, 84030 Ergolding

Zur Herstellung dieses Buches wurde alterungsbeständiges Papier verwendet.

Trainingsbuch Controlling

von

Peter Posluschny und Myra Posluschny

Haufe Mediengruppe
Freiburg · München · Berlin · Würzburg

Inhaltsverzeichnis

1 Zum Aufwärmen

1.1 Welches Controlling brauchen Sie?

Das Controlling ist eine unerlässliche Komponente zur erfolgreichen Unternehmensführung. Es unterstützt das Management bei seiner Führungsaufgabe. Es hilft, das gesamte Führungssystem zu **koordinieren** und **zielorientiert** zu lenken.

Begriff Controlling

Ob Zielsetzung, Planung, Koordination, Steuerung, Kontrolle, Abrechnung und Analyse der abgelaufenen Prozesse: Das Controlling beinhaltet die **Gesamtheit aller Prozesse**, die in einem Unternehmen anfallen. Zum Gesamtprozess wiederum gehören Aspekte der Planung, Kontrolle, Informationsversorgung, Organisation und der Personalführung. Während das Management die Ergebnisverantwortung trägt, macht der Controller alle ergebnisbeeinflussenden Faktoren transparent – und zeigt, wie sie verändert werden können.

Neben die allgemeine Definition von Controlling tritt der Begriff der Controllingkonzeption.

Bestandteile einer Controllingkonzeption sind:
- Controllingziele
- Controllingaufgaben
- Controllinginstrumente
- Controllingträger

Hinter diesen Bestandteilen stehen typische Aufgaben, die in einem Unternehmen anfallen:

Controlling-
konzeption

Controlling-Zielsetzung	Koordination von Managementaufgaben
	Schwerpunkt: Effizienzsicherung von Planung, Kontrolle und Informationsversorgung
Controlling-Aufgaben	Systemorientierung/Prozessorientierung
	Gestaltung von Systemen/Abstimmung von Prozessen
	Planungs-, Kontroll-, Informationsmanagement
Controlling-Instrumente	Planungs-, Kontroll-, Informationsversorgungs-Instrumente, Berichtsmethoden

Controlling-Träger	interne Träger	externe Träger
	Manager, Controller	Unternehmensberater, Verbände

Es ergeben sich für jedes Unternehmen spezielle Koordinations-
schwerpunkte, die zu besonderen Controllinganforderungen führen.
So beurteilen beispielsweise mittlere und große Unternehmen ihren
Abstimmungs- und Informationsbedarf als sehr hoch und stehen
dem Controlling grundsätzlich positiv gegenüber.

Anforderungen Die komplexe Organisation von mittleren und großen Unternehmen bedingt, dass jede Unternehmensebene andere Anforderungen
an controllingrelevante Informationen stellt. Die Unternehmensleitung etwa muss fortwährend über den Gesamterfolg des Unternehmens informiert werden. Sie benötigt neben den Umsatzdaten auch
Informationen über die Kosten der Zentralbereiche (Verwaltung,
Zentraleinkauf, Informationswirtschaft usw.).

Ebenfalls braucht sie Daten zu Umsatz, Deckungsbeitrag und den
Kosten einzelner Produkt-/Leistungsgruppen. Die Abteilungen hin-
gegen tragen Verantwortung, dass Umsatz, Menge und realisierter
Deckungsbeitrag den Abteilungszielen gerecht werden. Die Abtei-
lungskosten für Personal oder Betriebseinrichtung werden auf
Abteilungsebene gesteuert.

Ein Punkt ist in allen Abteilungen genauso wichtig: Die Daten müssen auf allen Unternehmensebenen zeitnah ausgewertet werden. Nur
so kann das Unternehmen schnell auf Zielabweichungen reagieren.
Da in verschiedenen Unternehmensebenen oftmals verschiedene
Kulturen und Anforderungen existieren, muss die Controllingkon-

zeption den spezifischen Informationsbedürfnissen der einzelnen Unternehmensebenen mit speziellen Instrumenten Rechnung tragen.

1.2 Was Sie von diesem Buch erwarten und wie Sie es gebrauchen können

Dieses Trainingsbuch ist primär für Unternehmer und Manager geschrieben, die Anpassungsprozesse an sich verändernde Marktbedingungen bewältigen müssen. Es setzt betriebswirtschaftliches Grundwissen voraus.

Das Buch eignet sich als Arbeits- und Nachschlagewerk ebenso wie als Lektüre für Unternehmer und Manager, die Produktions-, Handels- oder Dienstleistungsunternehmen lenken müssen. Das Werk wendet sich überdies an Dozenten und Studenten der Betriebswirtschaftslehre mit den Schwerpunkten Controlling, Unternehmensführung und Kostenrechnung. Sie erfahren hier Wissenswertes darüber, wie Methoden und Instrumente des Controlling in der Betriebspraxis angewandt werden können.

Das Buch zeigt Ihnen, wie Sie mit bewährten betriebswirtschaftlichen Methoden systematisch und erfolgreich Prozesse an veränderte Marktbedingungen anpassen können. Da Ihnen die besten Methoden und Instrumente nichts nützen, wenn Sie diese nicht in Ihrem Berufsalltag umsetzen können, werden sie anhand anschaulicher Trainingseinheiten dargestellt und erläutert.

Verwendung des Buches

Das Buch wird Ihnen helfen:

*   Ihren Umsatz zu sichern,

*   Ihre Kosten verursachungsgerecht zu kalkulieren,

*   Ihre Leistungen/Aufträge so zu kalkulieren, dass Sie diese zu marktgerechten Preisen anbieten können,

*   Ihre Kosten zu senken.

Damit dieses Buch für Sie nützlich bleibt, ist es in drei praxisrelevante Kapitel gegliedert:

Das folgende Kapitel beschäftigt sich mit der Umsatzsicherung. Das daran anschließende Kapitel beschreibt, wie Leistungen und Aufträge kalkuliert werden. Schließlich befasst sich das letzte Kapitel mit der Kostensenkung. Jedes Kapitel ist in sich geschlossen und kann wie ein Training verwendet werden.

Am Anfang jeder Trainingseinheit wird die Ist-Situation analysiert, strukturiert und operationalisiert. Nachdem Sie in Teilschritten die Ist-Situation erfasst haben, erfahren Sie Wissenswertes für Ihre Praxis. Im Anschluss daran wird gezeigt und trainiert, wie Sie in Ihrem Fall vorgehen können und welche Instrumente dafür hilfreich sind. Im letzten Abschnitt der jeweiligen Trainingseinheit üben Sie mithilfe von Fallbeispielen die praktische Anwendung der Instrumente.

Check ✔

Darüber hinaus finden Sie im gesamten Buch zahlreiche Kontroll-Checks. Sie sind am Rand gekennzeichnet und sollen Ihnen dabei helfen, das Gelesene zu reflektieren und zu verarbeiten.

Damit Sie mit diesem Buch leichter arbeiten können, finden sich im laufenden Text keine Literaturhinweise. Aus dem gleichen Grund wurde auf eine wissenschaftlich exakte und vollständige Darstellung der Methoden und Instrumente des Controllings verzichtet. Wer sich mit der wissenschaftlichen Literatur zum Controlling auseinandersetzen möchte, findet am Ende des Buches ein Literaturverzeichnis.

2 So können Unternehmen den Umsatz sichern

Häufig scheitern Unternehmen in den ersten drei Jahren. Etwa neun von zehn Unternehmen erreichen ihren 10. „Geburtstag" nicht. Einer der Hauptgründe: Entwicklungskrisen. Sie treten auf, wenn beispielsweise das statische Angebot der dynamischen Nachfrage nicht mehr standhalten kann. Wollen also Unternehmen ihren Umsatz und damit Fortbestand sichern, müssen sie ihr Leistungsangebot der Nachfrage immer neu anpassen.

Jedoch können Prozesse nur richtig angepasst werden, wenn die Situation und Ursachen zuvor richtig erkannt wurden. Daher müssen Ausgangsdaten so erhoben und strukturiert werden, dass Sie auf dieser Datengrundlage strategische Wahlmöglichkeiten erarbeiten können.

2.1 Sammeln, ordnen, strukturieren – Datenerhebung als Basis der Umsatzsicherung

Basierend auf Erfahrungswerten empfiehlt es sich, die Daten in vier Schritten zu erfassen:

1. Orientierung,
2. Unternehmensphilosophie,
3. Zielsetzungen,
4. Diagnose der strategischen Optionen.

Orientierung: Wie ist das Unternehmen positioniert?

Stellen Sie sich vor, Sie wollen zu einem Ort aufbrechen – beispielsweise nach Berlin. Damit Sie wissen, in welche Richtung Sie fahren müssen, benötigen Sie zunächst Ihren Standort. Denn: Wenn Sie in

Hamburg sind, müssen Sie nach Südosten aufbrechen. Aus München kommend müssten Sie nach Nordosten fahren. Nur wer weiß, wo er sich befindet, kann den optimalen Weg zum Ziel nehmen. Ganz ähnlich verhält es sich mit einem Unternehmen, das sich ein Ziel gesetzt hat. Bevor es das Ziel erreichen kann, muss es sich darüber gewahr werden, wo es steht.

Um einen Überblick zu erhalten, gehen Sie in zwei Schritten vor. Zunächst untersuchen Sie die **Hauptcharakteristika des Marktes** beziehungsweise des Marksegmentes. Anschließend ermitteln Sie anhand messbarer Größen die **Positionierung Ihres Unternehmen** innerhalb des Marktes.

Welche Merkmale weist der Markt auf?

Marktmerkmale

Wer mit dem Auto zu einem Ziel aufbrechen will, schaut in den Atlas oder ins Internet. Dann erfährt er, welche Straßen er nehmen kann und welche Qualität die Straßen haben. Auch Märkte können untersucht werden. So wissen Unternehmer, auf welchem Terrain sie sich bewegen.

Zum Feststellen der Hauptcharakteristika des Marktes können Sie sich verschiedener Quellen bedienen. Für viele Branchen halten Banken Daten parat. Des Weiteren führen Branchenverbände regelmäßig Marktuntersuchungen durch. Auch (semi)staatliche Institutionen veröffentlichen Daten über verschiedene Märkte. Neben Suchmaschinen helfen kostenpflichtige Datenbanken im Internet (wie genios, gbi) dabei, marktrelevante Fakten aufzuspüren und zu sammeln.

Nachdem Sie alle verfügbaren Daten über Ihren Markt recherchiert haben, strukturieren und problematisieren Sie diese Daten hinsichtlich Größe des Marktes, Entwicklung des Marktvolumens, Anzahl der Anbieter und Nachfrager, Konzentration auf Anbieter- und Nachfragerseite, Preis- und Kostenentwicklung sowie Eintritts- und Austrittsschranken.

Wie ist das Unternehmen finanziell positioniert?

finanzielle
Positionierung

Ganz wesentlich bei der eigenen Standortbestimmung ist die finanzielle Positionierung des Unternehmens. Wie das Unternehmen aufgestellt ist, kann mithilfe der Jahresabschlüsse der vergangenen drei Wirtschaftsjahre festgestellt werden. Eine ausführliche Kennzahlenanalyse könnten Sie anhand der Jahresabschlüsse durchführen. In diesem Kapitel geht es um die Sicherung des Umsatzes. Zur **Umsatzsicherung** reicht es, **folgende drei Größen** zu **ermitteln** und zu beurteilen:

1. Entwicklung von Umsatz, Kosten und Betriebsergebnis,
2. Entwicklung der wichtigsten Aktivitäten, die für die Realisierung des Umsatzes von Bedeutung sind (beispielsweise die Absatzentwicklung der Geschäftsfelder Stadt-/Entwicklungsplanung, Hochbau, Entwicklungstechnik),
3. Entwicklung der Rentabilität, Liquidität und der Kreditwürdigkeit (Eigenkapitalquote).

Beispiel: Positionierung eines Futtermittelunternehmens in finanziellen Größen			
Zeitreihe	200..	200..	200..
Entwicklung von Umsatz, Kosten und Betriebsergebnis (in Mio. €)			
Umsatz	42,1	43,6	53,5
Kosten	41,6	43,0	52,7
Betriebsergebnis	0,5	0,6	0,7
Entwicklung von Aktivitäten (in 1.000 Tonnen)			
Geflügelfutter	71,2	68,4	70,9
Schweinefutter	61,9	74,9	100,7
Rinderfutter	62,4	63,1	62,3
Übrige	5,9	6,8	6,1
Gesamtproduktion	201,4	213,2	240,0
Rentabilität			
Eigenkapitalrentabilität (Gewinn: Ø Eigenkapital) x 100	22 %	16 %	18 %
Gesamtkapitalrentabilität {(Gewinn + Fremdkapital-Zinsen) : (Gesamtkapital)} x 100	14 %	10 %	11 %

11

Liquidität			
Liquidität 1. Grades (flüssige Mittel : kurzfristige Verbindlichkeiten) x 100	95 %	98 %	85 %
Liquidität 2. Grades {(flüssige Mittel + kurzfristige Forderungen) : (kurzfristige Verbindlichkeiten)} x 100	125 %	134 %	116 %
Kreditwürdigkeit			
Eigenkapitalquote (Eigenkapital : Gesamtkapital) x 100	36 %	33 %	30 %
Übrige			
Cashflow I in Mio. € (Gewinn + Abschreibungen)	1,2	1,2	1,4
Beschäftigtenzahl	66	71	80
Absatz in 1.000 Tonnen	201,4	213,2	240,0

Abb. 1: Finanzielle Positionierung eines Unternehmens

Check

Kontroll-Check zur Unternehmensorientierung:
1. In welchen Schritten sollten Daten erhoben und strukturiert werden?
2. Welche Größen sollten Sie zur Beurteilung der finanziellen Positionierung des Unternehmens ermitteln?

Training zur Unternehmensorientierung:
Beurteilen Sie anhand der oben dargestellten Kennzahlen die Positionierung des Unternehmens.

Lösung zum Training:
Aus den oben stehenden Kennzahlen können folgende Schlussfolgerungen gezogen werden:

Das Unternehmen ist finanziell gesund; es besteht keine existenzgefährdende Situation. Begründung:

1.   Der Absatz ist in den vergangenen drei Jahren deutlich gestiegen. Absatz, Umsatz und Betriebsergebnis haben sich nicht proportional entwickelt. Beispielsweise kann hier ein Grund darin liegen, dass die schwankenden Rohstoffpreise an die Kunden durchgereicht werden konnten.

2. Der hohe Absatzanteil von Schweinefutter am Gesamtabsatz könnte für das Unternehmen bei einem deutlichen Rückgang der Schweinezucht eine existenzgefährdende Bedrohung sein.

3. Trotz einer Gewinnsteigerung in den letzten drei Jahren haben sich das return on investment (Gesamtkapitalrentabilität) sowie die Eigenkapitalquote verschlechtert. Der Grund hierfür kann beispielsweise in durchgeführten Investitionen (Erhöhung der Bilanzsumme) liegen.

Welche Unternehmensphilosophie haben Sie? Oder: Die Suche nach den Unternehmenswerten

Kaffee, neueste Zeitungen, gute Musik: Friseurmeister Witz hat eine einfache Unternehmensphilosophie. Ihm liegt nur das Wohl seiner Kunden am Herzen. Daran hat er seine gesamte Dienstleistung ausgerichtet. Ein Nahrungsmittelkonzern hingegen könnte die Philosophie vertreten, sich nur mit ökologischen Produkten am Markt zu positionieren, wobei die Produkte immer aktuell sein und einen neuen Trend auslösen sollen. Zudem müssen die Produktzutaten, die Verarbeitung und der Vertrieb den Aspekten der Nachhaltigkeit entsprechen. Die Beispiele zeigen: Die Unternehmensphilosophie gibt dem Handeln eines Unternehmens einen Zweck und einen Rahmen.

Teambildung

Nachdem Daten zur Orientierung des Unternehmens gesammelt wurden, können Sie mit dem folgenden Schritt beginnen – dem Finden der Unternehmensphilosophie.

Hierzu bildet der Geschäftsführer/Vorstand ein Team. Eventuell werden externe Berater hinzugezogen. Das Team könnte beispielsweise aus folgenden Mitarbeitern bestehen:

- Geschäftsführer/Vorstand
- Abteilungsleiter Verkauf
- Abteilungsleiter Produktion
- Abteilungsleiter Beschaffung
- Abteilungsleiter Verwaltung

13

Fragen zur Bestimmung der Unternehmensphilosophie:

> **Checkliste: Ihre Unternehmensphilosophie finden Sie mit den Antworten auf die folgenden Fragen**
>
> 1. Was sind die wichtigsten **Produkte/Dienstleistungen**?
> 2. Welche **Kundengruppen** sind für das Unternehmen wichtig?
> 3. Was sind die **Kernkompetenzen** des Unternehmens?
> 4. Was sind die wichtigsten **Erfolgsfaktoren** für die Zukunft?
> 5. Wo ist der optimale **Unternehmensstandort**?
> 6. Welche **Leitlinien** hat die Geschäftsführung hinsichtlich der Unternehmensführung?
> 7. Zu welchen **gesellschaftlichen Aufgaben** möchte das Unternehmen einen Beitrag leisten? (Stichwort Corporate Social Responsibility)
> 8. Welche Auffassung vertritt die Geschäftsführung hinsichtlich der **Mitarbeiterführung**?

Die Antworten auf diese Fragen sind wichtige Säulen der Unternehmensphilosophie. Die Unternehmensphilosophie wird zudem zu einem guten Teil von den Strategien geprägt und beeinflusst, die ein Unternehmen in unterschiedlichem Maße verfolgt. Im Wesentlichen gibt es drei Strategien:

1. Marktentwicklung
2. Produktentwicklung
3. Diversifikation

Strategien

Die Marktentwicklung kann auf zwei Arten durchgeführt werden: Erschließung neuer Absatzgebiete oder die Erschließung neuer Zielgruppen. **Produktentwicklungen** sind in wettbewerbsintensiven Branchen an der Tagesordnung. Gründe sind Innovations- und Kostendruck durch die Konkurrenz. Um wettbewerbsfähig zu bleiben, müssen Produkte aktuell und günstig sein. Der Nachteil einer Produktentwicklung sind die hohen Kosten der Produktentwicklung. Zudem ist das Risiko des Scheiterns hoch. Verschiedene Möglichkeiten sind bei der **Diversifikation** denkbar. Diese können variieren von

Aktivitäten, bei denen lediglich die vorhandenen Kernkompetenzen eingesetzt werden, bis hin zu Aktivitäten, bei denen vollständig neue Kernkompetenzen entwickelt werden müssen.

> **Kontroll-Check: Zur Unternehmensphilosophie**   Check
> 1. Formulieren Sie mindestens fünf bedeutsame Fragen zur (Neu-)Bestimmung der Unternehmensphilosophie
> 2. Nennen und erläutern Sie kurz drei Unternehmensstrategien.

Zielsetzungen und Diagnose: Was Unternehmen wollen und können

Zielsetzungen

Zielsetzungen

Zwischen Wunsch und Wirklichkeit liegen oftmals Welten. Auch in Unternehmen kann es Diskrepanzen geben zwischen der Philosophie, den Unternehmenszielen und den Handlungsmöglichkeiten, den Stärken, die ein Unternehmen aufweist. Darum soll es in den folgenden Absätzen gehen.

Angetrieben werden Unternehmen in der Regel von zwei verschiedenen Zielsetzungstypen:

*   persönliche Ziele des Unternehmers bzw. der Eigentümer
*   Unternehmensziele

Persönliche Ziele

Persönliche Ziele sind so vielfältig wie Unternehmerpersönlichkeiten. Eigentümer eines Unternehmens könnten etwa davon angetrieben werden, selbstständige Unternehmer zu bleiben. Andere wollen sich mit dem Unternehmen ein Denkmal setzen oder als Person des öffentlichen Lebens anerkannt und geschätzt werden. Wieder andere sehen primär das Einkommen und die finanziellen Vorzüge, die sich für sie aus der Unternehmung ergeben. Der Verkauf des Unternehmens könnte für den Eigentümer ebenfalls eine Option sein.

persönliche
Zielsetzungen

Unternehmensziele

Unternehmens-
ziele

Wie Unternehmer von persönlichen Zielen angespornt werden, hat auch das Unternehmen selbst ein Ziel. Denn: Es ist oftmals Zweck, Sinn und Garant für die Existenz des Unternehmens. Ein wichtiges Unternehmensziel ist beispielsweise die Kontinuität. Ohne sie kann das Unternehmen schnell ins Schwanken geraten. Will ein Unternehmen bestehen, muss es bestimmte Bedingungen an Kosten und Qualität erfüllen.

Der minimale Produktionsausstoß für eine bestimmte Produkt-Markt-Kombination muss stimmen. Nur wenn er fortlaufend erreicht wird, kann das Unternehmen kontinuierlich bestehen. Es ist nicht auszuschließen, dass eine Spezialisierung, Diversifikation oder eine Markt- und Produktentwicklung notwendig wird, um die Voraussetzungen für Kontinuität zu erfüllen.

Des Weiteren kann das Unternehmen das Ziel verfolgen, eine bestimmte Eigenkapital- oder Gesamtkapitalrentabilität zu erreichen. Weitere spezifische Ziele könnten von der Unternehmensleitung im realwirtschaftlichen und finanzwirtschaftlichen Bereich formuliert werden.

Diagnose

Diagnose

Kein guter Arzt wird seinem Patienten ein Medikament verschreiben, ohne zuvor eine Diagnose gestellt zu haben. Die Diagnose im Unternehmen umfasst die **externe** und die **interne Analyse**. Ziel der externen Analyse ist es, externe Entwicklungen aufzuzeigen. Die interne Analyse ermöglicht, Stärken und Schwächen in Relation zur Unternehmensphilosophie, zu den Zielsetzungen und den externen Entwicklungen zu bestimmen.

Externe Analyse

externe Analyse

Die externe Analyse besteht aus drei Teilanalysen: die **Wettbewerbsanalyse**, die **Absatz-** und die **übrige Marktentwicklungsanalyse**. Die Wettbewerbsanalyse schafft ein Gesamtbild der Branche. Sie stellt bisherige und zukünftigen Entwicklungen sowie die Aktionen und Reaktionen der Mitbewerber dar. Wichtigster Teil der Absatzanalyse ist die Identifikation der positiven und negativen kritischen Erfolgsfaktoren. Die Analyse der übrigen Marktentwicklungen soll die Einflüsse der externen Entwicklungen auf die verschiedenen Unternehmensbereiche aufzeigen.

Eine strukturierte und effektive Informationsbeschaffung spart viel Arbeit und kann vor Fehlentscheidungen schützen. Sie sollten bei der Informationsbeschaffung für die externe Analyse wie folgt vorgehen:

Informationsbeschaffung

1. Strukturierte Inventarisierung der Meinungen und Kenntnisse des Managements: Das Management ist ein Wissensquell. Es verfügt nicht nur über wichtige Informationen, sondern kann diese auch dezidiert und reflektiert äußern. Einige Unternehmensinformationen sind nur über das Management zu beziehen. Darüber hinaus kann das Management die Aufgaben, die sich aus der Analyse ergeben, später besser in den Unternehmensalltag implementieren, wenn es die Hintergründe des Zustandekommens kennt.

2. Informationsbeschaffung über externe Informationsquellen, wie z. B. Branchenverbände, Banken und staatliche Institutionen.

3. Expertengespräche führen. Ob Lieferanten, Mitarbeiter oder Konkurrenzunternehmen: Wer Experten in (Gruppen-)Interviews befragt erhält auch einen externen Blick. Interviewleitfäden oder thematisch strukturierte Fragebögen helfen, das Wissen einzufangen. Die Ergebnisse sollten dokumentiert und anschließend strukturiert werden.

4. Auswertung von Betriebsvergleichen. Diese Methode der Informationsbeschaffung eignet sich zur Identifikation der kritischen Erfolgsfaktoren.

Auf Basis der externen Analyse sollten Sie die positiven und negativen kritischen Erfolgsfaktoren ableiten. Ein **positiver kritischer Erfolgsfaktor** ist ein Erfolgsfaktor, der Ihrem Unternehmen einen Wettbewerbsvorteil gegenüber anderen Unternehmen verschafft. Ein wettbewerbsdifferenzierendes Merkmal eröffnet die Möglichkeit, einen höheren Absatzpreis zu fordern, die Absatzmenge zu

kritische Erfolgsfaktoren

erhöhen oder beides durchzusetzen. **Negative kritische Erfolgsfaktoren** hingegen führen zu einer Verminderung der Absatzmenge.

Interne Analyse

interne Analyse   Bei der internen Analyse bestimmen Sie die Stärken und Schwächen Ihres Unternehmens mit Blick auf die Unternehmensphilosophie, die Ziele und die externen Entwicklungen. Die relativen Stärken und Schwächen der einzelnen Unternehmensbereiche Ihres Unternehmens können Sie mithilfe von Betriebsvergleichen ermitteln.

Die Stärken und Schwächen werden üblicherweise für die folgenden acht Unternehmensbereiche bestimmt:

1. Einkauf
2. Verwaltung
3. Verkauf und Marketing
4. Produktion
5. Forschung und Entwicklung
6. Unternehmensführung
7. Organisation und Personal
8. Finanzen

Check ✔

Kontroll-Check: Zielsetzungen und Diagnose
1. Welches Ziel wird mit der externen Analyse verfolgt?
2. Welches Ziel wird mit der internen Analyse verfolgt?
3. Welche Teilanalysen umfasst die externe Analyse?
4. Was versteht man unter einem positiven kritischen Erfolgsfaktor?
5. Was versteht man unter einem negativen kritischen Erfolgsfaktor?
6. Welche Methoden der Informationsbeschaffung sollten bei der externen Analyse angewendet werden?
7. Welches Ziel wird mit der internen Analyse verfolgt?
8. Welche Methode wird bei der internen Analyse angewendet?

Checkliste: Ausgangsdaten strukturieren und problematisieren

1. Alle verfügbaren Daten über Ihre Branche recherchieren

2. Hauptcharakteristika Ihrer Branche herausarbeiten

3. Positionierung Ihres Unternehmens in finanziellen Größen ermitteln (Bilanzanalyse)

4. Schlussfolgerungen aus den ermittelten Kennzahlen Ihres Unternehmens ziehen

5. Unternehmensphilosophie festlegen durch:

   a. Ermittlung der wichtigsten Produkte/Dienstleistungen

   b. Ermittlung der wichtigsten Kundengruppen

   c. Ermittlung der Kernkompetenzen

   d. Ermittlung der Erfolgsfaktoren für die Zukunft

   e. Ermittlung des optimalen Standortes

   f. Bestimmung der Leitlinien der Unternehmensführung

   g. Festlegung des Beitrags zu gesellschaftlichen Aufgaben

   h. Festlegung der Leitlinien zur Mitarbeiterführung

   i. Beitrag der Kernkompetenzen zur Strategie der Marktentwicklung ermitteln

   j. Beitrag der Kernkompetenzen zur Strategie der Produktentwicklung ermitteln

   k. Beitrag der Kernkompetenzen zur Strategie der Diversifikation ermitteln

6. Bestimmung der persönlichen Ziele des Unternehmers

7. Bestimmung der Unternehmensziele

8. Externe Analyse durchführen

9. Positive kritische Erfolgsfaktoren aus der externen Analyse ableiten

10. Negative kritische Erfolgsfaktoren aus der externen Analyse ableiten

11. Relative Stärken und Schwächen der Unternehmensbereiche durch Betriebsvergleich erarbeiten

2.2 Know-how der Umsatzsicherung: Fakten und Tricks

Der Prozess der Umsatzsicherung

Um den Umsatz zu sichern, muss sich das Unternehmen bestmöglich auf die Zukunft einstellen. Denn: Ein guter Umsatz in der Vergangenheit ist kein Garant für einen florierenden Umsatz in der Zukunft. Dafür muss das Unternehmen die prognostizierten internen und externen Veränderungen für sich nutzen. Das Management muss Entscheidungen auf **strategischem** und **operativem** Niveau treffen und umsetzen.

Umsatzsiche-
rung

Bei dieser Strategie ist es unerlässlich, sich auf die eigenen **Kernkompetenzen zu konzentrieren**. Nur so kann eine verteidigungsfähige Wettbewerbsposition erreicht werden. Daher müssen Unternehmen stets darauf achten, die eigenen Kernkompetenzen aufzubauen, zu pflegen und zu erweitern. Zur Umsetzung und Kommunikation der Strategie benötigen Unternehmen ein Instrument, mit denen sich die Zielerreichung messen lässt.

Abb. 2: Visionspyramide zur Umsatzsicherung

Die Pyramide zeigt, mit welchen Schritten in Unternehmen dauerhaft der Umsatz gesichert werden kann. Zunächst ist eine Vision zu entwickeln, die die Entwicklungsrichtung des Unternehmens angibt. Auf der Grundlage der entwickelten Vision ergibt sich folgende Frage: Welche Strategie ist geeignet, die Vision zu realisieren? Dabei hat sich die Strategie zukunftsweisend am Wettbewerb auszurichten.

Erst nach der Festlegung der Strategie sind die positiven und negativen kritischen Erfolgsfaktoren zu erarbeiten. Mithilfe der kritischen Erfolgsfaktoren sind die Kompetenzen des Unternehmens zu bestimmen, die eine Umsetzung der Strategie ermöglichen. Damit der Prozess der Umsatzsicherung kontrolliert und gesteuert werden kann, sind Leistungsindikatoren (Maßgrößen) festzulegen, die geeignet sind, die Realisierung der Zielsetzungen/Perspektiven zu messen. Bei unerwünschten Entwicklungen kann dann frühzeitig gegengesteuert werden. Da alle Maßnahmen des Unternehmens zur Umsatzsicherung auf ein Ziel ausgerichtet werden müssen, müssen die Maßnahmen koordiniert werden.

Balanced Scorecard: Zahlen und Ziele im Einklang

Wörtlich übersetzt bedeutet **Balanced Scorecard** „ausgewogene Kennzahlentafel". Von der Praxis ist diese Übersetzung gar nicht so weit entfernt. Die Methode versucht, eine Ausgeglichenheit zwischen strategischen Zielsetzungen und geeigneten Ergebniskennzahlen herzustellen. Zur traditionellen **Finanzperspektive** wurden hier die Perspektiven **Kunden**, **interne Prozesse** sowie **Lernen und Entwicklung** hinzugefügt.

Grundkonzept Balanced Scorecard

Durch die vier Perspektiven soll ein Gleichgewicht zwischen den verschiedenen Zielen erreicht werden. Ausgangspunkt der Scorecard bildet die Finanzperspektive. Schließlich bleibt letztendlich das Ziel eines jeden Unternehmens, ausreichend hohe Erträge für das investierte Kapital zu erzielen. Ein Gros der Strategien, Programme und Initiativen zielt darauf ab, die finanzwirtschaftlichen Ziele der Unternehmung zu erreichen.

Die Perspektiven der Balanced Scorecard:

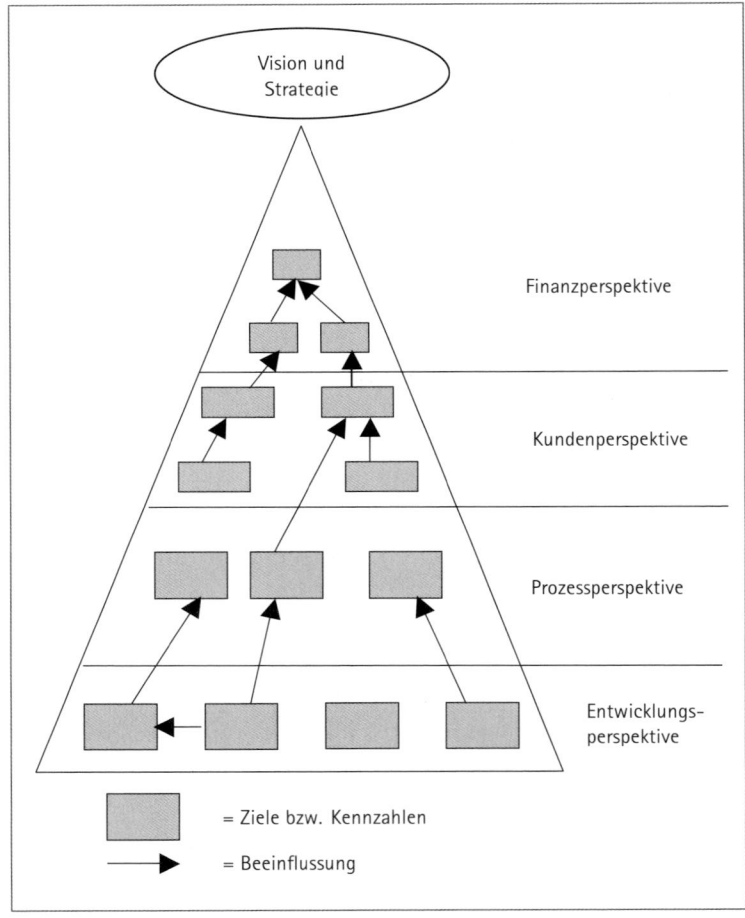

Abb. 3 Perspektiven der Balanced Scorecard

Die Finanzperspektive

Finanzperspektive

Die finanzwirtschaftlichen Leistungskennzahlen geben die langfristigen Ziele des Unternehmens an. Dies können auf Gewinn gerichtete Ziele sein, beispielsweise Return On Investment (ROI). Aber auch andere Ziele sind möglich. In wachsenden Geschäftszweigen ist der Nachdruck auf finanzielle Leistungskennzahlen zu legen, die den wachsenden Umsatz positiv beeinflussen.

In stagnierenden Geschäftszweigen hingegen gilt das Augenmerk wegen des zunehmenden Wettbewerbs traditionellen Leistungskennzahlen, wie Return On Investment, Rohgewinnmarge oder anderen finanzielle Leistungsmaßstäben. Dadurch soll der Fokus darauf gerichtet werden, dass sich die getätigten Investitionen amortisieren. In Phasen des wirtschaftlichen Rückgangs liegt das Augenmerk auf der Liquidität, damit die getätigten Investitionen so schnell wie möglich wieder in die Unternehmung zurückfließen.

Die Kundenperspektive

Bei dieser Perspektive werden die Märkte oder Marktsegmente identifiziert, in denen sich das Unternehmen bewegt – oder bewegen möchte. Zugleich müssen die Leistungskennzahlen gefunden werden, die die Leistung des Unternehmens auf dem betreffenden Markt wiedergeben.

Kundenperspektive

Diese Perspektive umfasst verschiedene allgemeine Maßstäbe, die die Leistung der Strategie auf dem Markt abbilden. Sie sind an jene Zielgruppe anzupassen, von der das Unternehmen das größte Wachstum und den größten Gewinn erwartet. Die allgemeinen Leistungsmaßstäbe sind:

- Marktanteil
- Kundenanteil
- Wiederholungskäufe
- Neukundengewinnung
- Kundenzufriedenheit
- Kundenwert

Diese allgemeinen Maßstäbe sind nicht willkürlich gewählt, sondern bilden einen Gesamtzusammenhang.

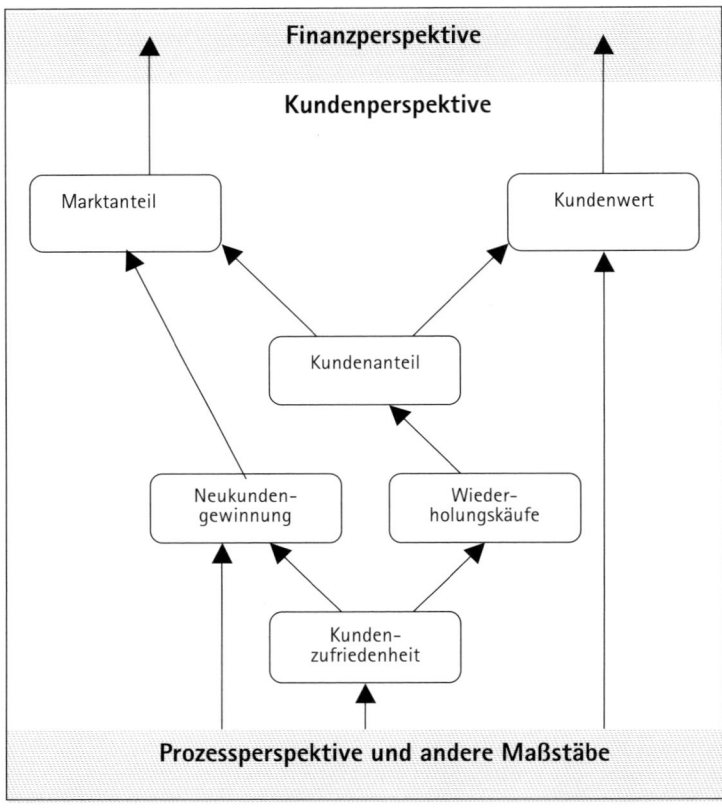

Abb. 4: Gesamtzusammenhang der Maßstäbe in der Kundenperspektive

Produktwert

Die allgemeinen Maßstäbe der Kundenperspektive erklären nicht, warum ein Unternehmen auf dem Markt erfolgreich ist und ein anderes nicht. Dazu ist es notwendig, den **Produktwert** aus der Sicht der Kunden in die Betrachtung einzubeziehen. Aus Sicht des Kunden kann ein Produkt als Komposition von Werten gesehen werden, die einen Beitrag zu seinen Wertketten leisten. Welche Werte der Kunde einem Produkt entnimmt, ist von drei Wertkategorien abhängig:

- Produkt-/Service-Attribute: Dies umfasst unter anderem Funktionalität, Preis und Qualität.

- Image und Reputation: Dies betrifft vor allem die Art und Weise des Marktauftrittes.

- Beziehung zwischen Kunde und Unternehmen: Dies betrifft vor allem die Art und Weise, wie ein Kunde den Kauf- und Erfüllungsprozess erfährt.

Die folgende Abbildung zeigt den Zusammenhang von Wertkomponenten und Leistungsmaßstäben in der Kundenperspektive.

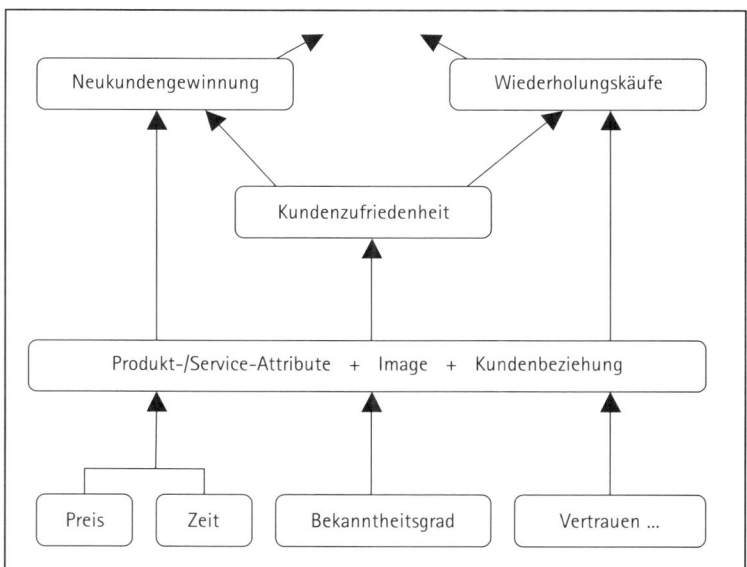

Abb. 5: Wertkomponenten von Leistungsmaßstäben in der Kundenperspektive

Die Prozessperspektive (interne Perspektive)

In dieser Perspektive sind die kritischen internen Prozesse zu identifizieren, die für das Unternehmen von großer Bedeutung sind. Diese kritischen internen Prozesse ermöglichen es dem Unternehmen:

Prozessperspektive

- einen Beitrag zu den Wertketten der Kunden zu leisten,

- den Erwartungen der Gesellschafter bzw. des Unternehmers entgegenzukommen.

Die Entwicklungsperspektive

Entwicklungs-
perspektive

Aus dieser Perspektive wird der Frage nachgegangen, welche Infrastruktur Organisationen entwickeln müssen, um langfristiges Wachstum zu erreichen. Hierbei sind jene Teile der Infrastruktur im Fokus, die für den heutigen und zukünftigen Erfolg des Unternehmens wichtig sind. Die zentrale Herausforderung für viele Unternehmen lautet, die bestehende Infrastruktur auf künftige Ziele auszurichten.

Training: Was sind die Grundgedanken der Balanced Scorecard?

1. Strategische Zielsetzungen werden durch konkrete Maßnahmen mit geeigneten Ergebniskennzahlen umgesetzt.

2. Die Zielsetzungen werden aus vier Perspektiven formuliert: Finanzperspektive, Kundenperspektive, interne Prozessperspektive sowie Lern- und Entwicklungsperspektive.

3. Die Finanzperspektive zeigt, ob die Implementierung der Strategie zur Ergebnisverbesserung beiträgt. Aus unternehmerischer Sicht ist die Finanzperspektive letztlich die entscheidende Größe.

4. Die Kundenperspektive reflektiert die strategischen Ziele des Unternehmens bezüglich der Kunden- und Marktsegmente, auf denen es konkurrieren möchte.

5. Die interne Prozessperspektive hat die Aufgabe, diejenigen Prozesse abzubilden, die wichtig sind, um die Ziele der Finanzperspektive und der Kundenperspektive zu realisieren.

6. Die Lern- und Entwicklungsperspektive hat die Aufgabe, die Infrastruktur zu beschreiben, die notwendig ist, um die Ziele der ersten drei Perspektiven zu erreichen.

2.3 Wie Sie Maßnahmen zur Sicherung des Umsatzes planen und beurteilen

Vor dem Hintergrund verschiedener Szenarien können Sie auf Grundlage der bisher gewonnenen Informationen jetzt einige **Optionen** aufstellen und diese quantitativ und qualitativ beurteilen. Nachdem Sie die Diagnose durchgeführt haben, können Sie die strategischen Wahlmöglichkeiten erarbeiten. Ihre strategische Wahl ist in einen strategischen Plan zu übersetzen.

Optionen

Übernahme, Kooperation, Spezialisierung: Optionen zur Umsatzsicherung

Autohersteller kooperieren beim Bau bestimmter Modelle oder schmieden Allianzen, Telefonbetreiber kaufen Konkurrenzunternehmen auf und liefern sich dabei medienwirksame Übernahmeschlachten und wieder andere Unternehmen stoßen Geschäftsbereiche ab und spezialisieren sich innerhalb des Produktionsprogramms. Unternehmen gehen die verschiedensten Wege, um den Umsatz zu sichern.

Übernahme, Kooperation, Spezialisierung

Zunächst sollten Sie sich der Kernkompetenzen und der wettbewerbsdifferenzierenden Merkmale Ihres Unternehmens bewusst werden. Gleichzeitig sollten zusätzlich **neue Ideen** gesammelt werden, die vom Geschäftsmodell ausgehen könnten. Neue Ideen heißt an dieser Stelle, wirklich neu zu denken. Anstelle neuer Ideen alternativ die bekannten Kernkompetenzen ihres Unternehmens einzusetzen führt in der Praxis häufig zu keinem Ergebnis.

Welche Option für ein Unternehmen die richtige ist, hängt unter anderem von der Kontinuität der bisherigen Aktivitäten des Unternehmens ab. Alle Optionen müssen sich in diesem Falle auf die bestehenden Produkte und Märkte beziehen. Eine Option wäre natürlich ebenso, keine Veränderungen herbeizuführen. Nach dem Motto „Never change a running system" bliebe alles beim Alten.

Optionen

Möglich und mit Veränderungen verbunden wären aber die Zusammenarbeit (vertikale) mit anderen Unternehmen, der Ankauf von Absatz zur Vergrößerung der produzierten Menge sowie die Spezialisierung innerhalb des Produktionsprogramms auf einen bestimmten Bereich. Die drei Optionen sollen nun näher erläutert werden.

Vertikale Zusammenarbeit

Die vertikale Zusammenarbeit mit anderen Unternehmen kann auf Lieferungs- und Abnahmeverträgen basieren. Der entscheidende Vorteil dieser Option liegt in der Erhöhung der integralen Produktionskettenbeherrschung, die immer wichtiger wird. Beispiel: Besonders die Abnehmer von landwirtschaftlichen Produkten verlangen, dass Herkunft, Herstellungsdatum und vor allem die Art des Produktionsprozesses nachvollziehbar und nachweisbar sind. So können sie im Falle fehlerhafter Produkte die Verursacher in Haftung nehmen. Dadurch wird der vertikale Integrationsprozess beschleunigt.

Ankauf von Absatz

Der entscheidende Vorteil dieser Option: Die Kapazitätsauslastung wird erhöht, verbundene Leerkosten werden reduziert. Das größte Risiko der Übernahme eines Unternehmens besteht darin, dass der angekaufte Absatz wieder schnell zurückgeht. Das Unternehmen kann Maßnahmen ergreifen, die das Risiko minimieren.

Hierbei ist insbesondere daran zu denken, das Verkaufspersonal des zu übernehmenden Betriebes weiter zu beschäftigen, die Produkte zumindest zeitlich beschränkt unter dem alten Namen zu verkaufen und den Kaufpreis des Unternehmens von der Höhe des zukünftigen Absatzes abhängig zu machen.

Ein Problem sind mögliche Kulturunterschiede zwischen beiden Unternehmen. Zudem führt die Übernahme von Absatz zu hohen Kosten, was die Liquidität des Unternehmens (zeitweise) deutlich verschlechtern kann. Sollte das Unternehmen nach der Übernahme Verluste realisieren, beispielsweise durch niedrige Marktpreise oder fehlerhafte Beschaffungsentscheidungen, kann das Unternehmen in finanzielle Probleme geraten.

Anstelle einer höheren Kapazitätsauslastung kommt es stattdessen schlimmstenfalls zur Zurückstellung von geplanten Investitionen bis hin zu einem Notverkauf oder einem Insolvenzverfahren.

Spezialisierung

Der entscheidende Vorteil dieser Option besteht in der Möglichkeit, die Stückkosten deutlich zu senken. Das größte Risiko liegt in der Abhängigkeit von einem bestimmten Markt. Denn: Wenn sich ein Unternehmen auf einen bestimmten Bereich spezialisiert, profitiert es nicht nur von positiven Marktentwicklungen. Bei negativen Marktentwicklungen ist es doppelt betroffen. Verluste können dann nicht mehr mit Gewinnen aus anderen Bereichen kompensiert werden.

Die drei geschilderten Optionen sind mehr oder weniger die logische Folge der durchgeführten Analyse. Die Beibehaltung der Unternehmenspolitik schließt dabei neue Aktionen aus.

Risikoanalyse: Welche Option ist die richtige?

Nachdem Sie die Optionen aufgestellt haben, ist für jede Option eine Risikoanalyse durchzuführen. Die Analyse besteht aus drei Teilen:

Risikoanalyse

- In erster Linie ist bei der Risikoanalyse für jede Option eine kritische Betrachtung durchzuführen. Hierdurch sollen die qualitativen Risikofaktoren der einzelnen Optionen aufgedeckt werden.
- In zweiter Linie werden Szenarien erarbeitet. Jede Option kann vor dem Hintergrund der Szenarien beurteilt werden.
- Zum Schluss sind die Optionen, soweit dies erforderlich ist, unter finanziellen Gesichtspunkten zu analysieren.

Da niemand exakt die Zukunft vorhersagen kann, bedient man sich nicht nur in der Wirtschaft verschiedener Szenarien. Bei einem Szenario handelt es sich um die hypothetische Aufeinanderfolge von Ereignissen. Das Zugrundelegen von Szenarien hat einen einfachen Hintergrund: Szenarien erlauben einen Einblick in die Marktme-

Szenarien

chanismen der Branche. Sie eröffnen die Möglichkeit, Strategien des eigenen Unternehmens innerhalb des Marktes zu bestimmen. Szenarien werden auf der Grundlage der Ergebnisse der externen Analyse formuliert.

Vor- und Nachteile von Strategien

Eine Matrix kann helfen, die Vor- und Nachteile der einzelnen Strategien übersichtlich darzustellen. Am Beispiel eines Unternehmens aus der Futtermittelindustrie wird gezeigt, welche Optionen möglich und sinnvoll sind.

Beispiel: Konfrontationsmatrix Szenarien und Optionen			
	Option „Zusammenarbeit"	Option „Ankauf von Absatz"	Option „Spezialisierung"
Qualität und Tierschutz	Für Geflügelfutterhersteller liegen die Vorteile einer Zusammenarbeit mit Geflügelzüchtern auf der Hand. Vorteil: Die Qualität in der gesamten Produktionskette kann gewährleistet werden. Die Anzahl und das Volumen nicht integrierter Zuchtbetriebe nimmt in diesem Szenario ab. Der Markt wird aus wenigen integrierten Unternehmen bestehen. Dadurch werden Preiserhöhungen möglich.	Der zu übernehmende Betrieb muss eigene Qualitätsanforderungen erfüllen oder der zu übernehmende Absatz kann im eigenen Betrieb produziert werden. Dadurch könnten Leerkosten gesenkt werden. Wichtig: Der übernommene Absatz muss zu den eigenen Produktionslinien passen. Ein zu diverses Absatzpaket kann wegen der gesetzlichen Regelungen nicht in einem Betrieb hergestellt werden.	Spezialisierung wäre ein Weg, um die hohen Anforderungen des Gesetzgebers erfüllen zu können. Die Spezialisierung auf Geflügelfutter könnte hohe Risiken zur Folge haben, die Spezialisierung auf Rinderfutter oder Schweinefutter geringere. Spezialisierung auf Geflügelfutter wäre sinnvoll, wenn eine Risikostreuung möglich ist. Dies wäre gegeben, wenn das Unternehmen über verschiedene auf Rinder- und/oder Schweinefutter spezialisierte Betriebe verfügt.

Technologische Entwicklung	In diesem Szenario bleibt das Volumen des Geflügelfuttersektors unverändert. Geringes Wachstum ist möglich. Eine solide Position in diesem Markt ist darum ein guter Ausgangspunkt zur Zielerreichung von Kontinuität. Die Zusammenarbeit mit einem Geflügelzuchtbetrieb kann dazu beitragen.	Ein ausreichend großer Absatz ist erforderlich, um die technologisch notwendigen Investitionen rentabel vornehmen zu können. Die Produkte müssen derart sein, dass ein ausreichend homogener Produktionsprozess möglich ist.	Durch die Spezialisierung kann das Unternehmen technologisches Know-how erwerben und im Produktionsprozess anwenden. Für kleine und mittlere Unternehmen ist es anders nicht möglich, auf allen Teilgebieten von der technologischen Entwicklung optimal zu profitieren.
Marktmechanismus	Zusammenarbeit hat in diesem Szenario für das Unternehmen nur dann Vorteile, wenn hierdurch die Transaktionskosten verringert werden. Ob dies der Fall ist, ist fraglich. Des Weiteren vergrößern sich durch Integration Risiken.	Problem: Die Herstellungskosten sind auf einem Markt mit starker Preiskonkurrenz unnötig hoch. Daher finden Übernahmen statt, um Absatz anzukaufen. Die Übernahmepreise sind jedoch bei gleichzeitig fallenden Absatzpreisen wegen der großen Nachfrage nach Absatz relativ hoch. Risiko: Absatz wird zu teuer angekauft und später nicht zurückverdient.	In diesem Szenario ist Spezialisierung ein „Muss". Spezialisierung reduziert die Herstellungskosten per Tonne Futter deutlich. Vor dem Hintergrund der sehr starken Preiskonkurrenz überleben nur Unternehmen, die zu einem ausreichend niedrigen Herstellungspreis produzieren.

Beispiel: So wählt ein Unternehmen die richtige Option

Nachdem die strategischen Optionen erarbeitet sind, eine Risikoanalyse sowie evtl. die quantitative Analyse der Optionen durchgeführt wurden, kann die strategische Option gewählt werden, die in Zukunft realisiert werden soll. Folgendes Beispiel schildert die Schritte der Überlegungen.

1. Die Zielsetzung des Unternehmers in diesem Beispiel lautet Kontinuität. Wie Analysen gezeigt haben, kann der Wert des Absatzes mit rd. 8,8 Mio. € beziffert werden. Ein Verkauf des Absatzes inklusive der Fabrikanlagen würde derzeit rund 10,5 Mio. € erbringen. Geht der Unternehmer von einer Wunschrendite von 15 % auf das investierte Gesamtkapital aus, so heißt dies, dass dem Unternehmer rd. 1,6 Mio. € per anno nach Steuer zur freien Verfügung stehen.

   Bei einem Verkauf des Unternehmens könnte diese Rendite nicht erzielt werden. Nach Durchführung der geplanten Maßnahmen hingegen wäre die Realisierung eines Gewinns nach Steuern in Höhe von 1,6 Mio. € möglich. Der Unternehmer verwirft aufgrund seiner Zielsetzung der Kontinuität sowie des relativ geringen Verkaufspreises des Unternehmens die Option eines Verkaufs.

2. Der Betriebsvergleich und die durchgeführten Berechnungen haben folgendes Bild ergeben: Die Produktionskosten pro Tonne sind bei einem Produktionsvolumen von 200.000 bis 300.000 am günstigsten. Wird das Produktionsvolumen über die Grenze von 300.000 ausgedehnt, nimmt die durchschnittliche Entfernung zwischen Abnehmer und Produktionsort derart zu, dass die Herstellungskosten durch die Transportkosten deutlich steigen. Sinkt das Produktionsvolumen hingegen unter 200.000 Tonnen, können die Größenvorteile in der Produktion nicht optimal genutzt werden.

   Ein Mischfutterhersteller, der zwischen 200.000 und 300.000 Tonnen für eine Tierart produziert, hat höhere Transportkosten als ein Produzent mit dem gleichen Produktionsvolumen, der für verschiedene Tierarten Futter herstellt. Das Unternehmen befindet sich in diesem Segment. Dies erklärt unter anderem die niedrigen Herstellungskosten des Unternehmens. Deshalb und aufgrund der Bedrohungen der Viehzucht wegen verschärfter staatlicher Reglementierungen möchte der Unternehmer das Produktionsvolumen auf rd. 300.000 Tonnen erhöhen.

3. Vor dem Hintergrund des schrumpfenden Tierfuttermarktes verwirft der Unternehmer die Option der Spezialisierung. Es ist

noch nicht hinreichend sicher, wie stark der Rückgang des Tierfuttermarktes sein wird – und welche Segmente in welchem
Maß betroffen sind. Der Geflügelfuttermarkt wird voraussichtlich in den kommenden Jahren stabil bleiben, aber dieser Markt
ist preisempfindlicher als die Märkte für Schweine- und Rinder-
futter.

4. Der Unternehmer möchte das Produktionsvolumen von Rin-
derfutter nicht erhöhen. Dies liegt einerseits in dem erwarteten
Rückgang des Absatzes auf diesem Markt und andererseits in
der Tatsache begründet, dass eine Spezialisierung auf Rinderfut-
ter in absehbarer Zukunft nicht realisierbar ist.

5. Der Unternehmer entscheidet sich aufgrund der Ergebnisse der
finanziellen Analyse für die Option „Ankauf von Absatz"
(Übernahme eines Mischfutterunternehmens), obwohl die Option „Zusammenarbeit mit Zuchtbetrieben" auch weiterhin
offen gehalten werden soll. Die Option „Zusammenarbeit mit
Zuchtbetrieben" hat eine niedrigere Priorität, weil niedrige
Herstellungskosten für die nahe Zukunft eine höhere strategische Bedeutung haben als die Produktionskettenbeherrschung,
die sich aus der Zusammenarbeit mit Zuchtbetrieben ergeben
würde.

Checkliste: Planung von Maßnahmen	✓
1. Strategische Optionen auf dem Hintergrund der externen Analyse formulieren	
2. Untersuchung der Optionen auf Machbarkeit	
3. Erstellen einer Risikoanalyse für jede einzelne Option durch:	
a. kritische Betrachtung	
b. Erarbeitung von Szenarien	
c. quantitative Analyse der Optionen	
4. Wahl einer strategischen Option auf dem Hintergrund der Risikoanalyse	

2.4 Wie werden Maßnahmen zur Umsatzsicherung in die betriebliche Praxis umgesetzt?

Umsetzung der strategischen Planung

Bisher stehen Analyse und Optionen lediglich auf dem Papier. Dieses Kapitel zeigt auf, wie Sie die Umsatzsicherung Stück für Stück durchführen. Erstens: Konkretisieren Sie Ihren strategischen Plan in Zielsetzungen, Teilpläne und Verbesserungspunkte. Zweitens: Stellen Sie ein Mehrjahresbudget auf, das Ihnen zugleich als Norm und Kontrollmittel dient. Drittens: Erarbeiten Sie einen Jahresplan. Dieser besteht aus dem Jahresbudget und einem Aktionsplan. Das Jahresbudget können Sie aus dem zuvor veranschlagten Mehrjahresbudget ableiten. Der Aktionsplan zeigt, welche Aktionen in jeder Unternehmenseinheit geplant sind. Zudem müssen finanzielle und nicht-finanzielle Indikatoren erarbeitet werden, mit denen sich die Maßnahmen steuern und kontrollieren lassen.

Zielsetzungen, strategische Teilpläne und Verbesserungspunkte

Zielsetzungen

Am Beispiel des bereits bekannten Unternehmens aus der Futtermittelindustrie wird veranschaulicht, wie die Zielsetzungen im Rahmen eines strategischen Plans konkretisiert werden:

Beispiel: Zielsetzungen

Die formulierten Ziele bleiben zum großen Teil unverändert. Durch die Wahl der strategischen Option verändern sich die persönlichen Ziele des Unternehmers nicht. Wie die Risikoanalyse gezeigt hat, ist das Unternehmensziel Kontinuität realisierbar.

Allerdings ist es möglich, dass die Option „Spezialisierung" zu einem späteren Zeitpunkt erneut geprüft werden muss, wenn das Unternehmensziel Kontinuität erreicht werden soll. Dies kann etwa der Fall sein, wenn sich der Konzentrationsprozess innerhalb des Futtermittelmarktes stärker als angenommen durchsetzt und/oder wenn der Preiswettbewerb infolge externer Entwicklungen deutlich zunimmt. Das Rentabilitätsziel bleibt unverändert. Als Zielsetzung für die Investition des angekauften Absatzes (Übernahme eines Konkurrenzunternehmens) wird festgelegt, dass sich diese Investition innerhalb von zwei Jahren amortisiert. Auf mittlere Sicht (5 Jahre) soll die Überkapazität vollständig abgebaut sein.

Strategische Teilpläne

Bei der Erstellung der strategischen Teilpläne wird prinzipiell für jede Unternehmenseinheit ein Plan erarbeitet. Auf diese Weise entstehen auch der Produktions- und Absatzplan. strategische Teilpläne

Beispiel: Strategischer Teilplan „Übernahme von Absatz"

Ob Pharmakonzerne, Stahlriesen oder Mobilfunkunternehmen: Regelmäßig kommt es in der Unternehmenswelt zu Übernahmen. Doch bis die Medien über eine Übernahme berichten, wurde in den Unternehmen viel Vorarbeit geleistet. Zuerst muss ein Übernahmekandidat ausgemacht werden. Im Beispiel des Futtermittelherstellers müsste dessen Absatzgebiet mit dem Absatzgebiet des eigenen Unternehmens übereinstimmen.

Im Beispiel sollte der Übernahmekandidat über ein Absatzvolumen von 50.000 bis 100.000 Tonnen verfügen. Finanziert werden soll die Übernahme weitgehend über das Eigenkapital. Eine Bedingung ist die Bindung der vorhandenen Kunden. Denn: Abnehmer von Mischfutter wechseln nicht schnell den Lieferanten. Bei der Wahl des Mischfutterlieferanten spielt das Image eine herausragende Rolle.

Deshalb wird beschlossen, ein Bündel von imageverstärkenden Maßnahmen zu erarbeiten. Es soll unter anderem eine Imagebroschüre erstellt werden, wofür ein Projektteam zusammengestellt wird. Zudem wurde bereits vor der Übernahme herausgefunden, dass die Fachkenntnisse und die betriebswirtschaftlichen Kenntnisse des Verkaufspersonals nur „durchschnittlich" sind.

Aus einer Kundenbefragung wurde jedoch deutlich, dass die Kunden bei der Wahl der Lieferanten sehr auf Fachkenntnisse und betriebswirtschaftliche Kenntnisse der Berater achten. Deshalb wurde beschlossen, das Verkaufsteam zur Teilnahme an Fortbildungsmaßnahmen zu verpflichten und entsprechende Seminare zu organisieren.

Es wird eine Liste mit potenziellen Übernahmekandidaten erstellt. Die Kandidaten werden nach ihrer Attraktivität geordnet. Zudem muss die Übernahmebereitschaft der Kandidaten eingeschätzt werden. Dafür wird auf das Wissen des Managementteams zurückgegriffen. Häufig verfügt dieses über informelle Informationen im Hinblick auf

Kontinuitäts- und Nachfolgeprobleme bei den Mitbewerbern. Daneben werden Banken, Branchenorganisationen und Steuerberater/Wirtschaftsprüfer über den Wunsch der Übernahme informiert. Es wird beschlossen, aus der Liste den chancenreichsten Übernahmekandidaten mit der notwendigen Vorsicht und Vertraulichkeit anzusprechen. Denn: Das Bekannt werden von Übernahmegesprächen könnte den Übernahmepreis unnötig erhöhen. Für den Fall, dass die Übernahme des ersten Kandidaten unerwartet missglückt, wird ein zweit- und drittbester Kandidat selektiert. Parallele Übernahmegespräche mit zwei Kandidaten sind nicht wünschenswert, weil dies einerseits einen schlechten Eindruck bei den Übernahmekandidaten hinterlassen könnte. Andererseits werden zu viele Managementressourcen gebunden.

Verbesserungspunkte

Verbesserungs-
punkte

Welche Verbesserungspunkte lassen sich nun erkennen?

Beispiel:
Aus der Analyse ist deutlich geworden, dass die Verkaufspreise des Unternehmens strukturell zu niedrig festgesetzt sind. Dies ist, abgesehen von den Kosten der Überkapazität, der wichtigste Grund, warum die Gesamtkapitalrentabilität zu niedrig ist. Vergleiche mit anderen Unternehmen lassen erkennen, dass es die Qualität der Produkte aus Kundensicht rechtfertigt, die Verkaufspreise schrittweise um 1,14 € per Tonne zu erhöhen.

Voraussetzung einer erfolgreichen Preiserhöhung ist jedoch, dass diese differenziert und schrittweise durchgeführt wird. Preiserhöhungen sind nur dort möglich, wo der Preisführer die eigenen Verkaufspreise zu niedrig festgesetzt hat. Mit anderen Worten: Die Verkaufspreise des Unternehmens werden durch die Preissetzer des Marktes bestimmt – und nicht durch die Herstellungskosten.

Training: Zielsetzungen, strategische Teilpläne und Verbesserungspunkte

Formulieren Sie je ein Beispiel für eine Zielsetzung, für einen strategischen Teilplan und für einen Verbesserungspunkt.

Lösung zum Training:

Zielsetzung: Als Zielsetzung für die Markterschließung wird festgelegt, dass der Absatz von Schweinefuttermitteln innerhalb von zwei

Jahren von 500 Tonnen auf 670 Tonnen erhöht wird. Auf mittlere Sicht (5 Jahre) soll der Absatz auf 900 Tonnen erhöht werden.

Strategischer Teilplan: Eine Senkung der Herstellungskosten je Tonne Mischfutter soll über eine Spezialisierung auf Geflügelfutter erreicht werden. Die Spezialisierung auf Geflügelfutter wird über die kontinuierliche Erhöhung des Absatzes von Geflügelfutter und die kontinuierliche Reduzierung des Absatzes von anderen Futtermitteln geplant. Die Erhöhung des Absatzes von Geflügelfutter soll über den Abschluss von Lieferverträgen mit Geflügelzüchtern erreicht werden.

Verbesserungspunkte: Formalisierung und Standardisierung der administrativen Auftragsbearbeitung.

Mehrjahresbudget und Jahresplan

Die **Mehrjahresbudgetierung** dient als Norm für das angestrebte Ergebnis, sie ist Kontrollinstrument für Zielvereinbarungen (beispielsweise für einzelne Abteilungen) und gibt Einblick in die finanziellen Konsequenzen der Unternehmenspolitik.

Mehrjahresbudget

Aus dem Mehrjahresbudget ist das Jahresbudget abzuleiten. Die realisierten Ergebnisse sind dann mit dem **Jahresbudget** zu vergleichen. Bei wesentlichen Abweichungen sind die Gründe zu untersuchen.

Jahresbudget

Im **Jahresplan** wird das Mehrjahresbudget detaillierter untergliedert. Der Jahresplan besteht aus zwei Teilen: dem Aktionsplan, der überwiegend qualitativer Art ist und dem Jahresbudget, das überwiegend quantitativer Art ist. Bei der Erstellung des Jahresplans sind die erarbeiteten Ausgangspunkte erneut zu prüfen. Veränderte Bedingungen können es notwendig machen, die Ausgangspunkte den neuen Bedingungen anzupassen.

Jahresplan

Ob die Teilnahme an Fachmessen oder die Entwicklung und Produktion von Imagebroschüren: Im **Aktionsplan** wird festgehalten, welche Aufgaben jede Abteilung zu bewältigen hat. Der Plan beinhaltet nicht die täglich anfallenden Prozesse, sondern alle einmaligen bzw. besonderen Aktionen.

Aktionsplan

Evaluation

Nach Ablauf einer angemessenen Zeit (in der Regel drei Monate) sind die durchgeführten Maßnahmen zu evaluieren. Die **Evaluation** soll, wo möglich, auf Basis von Zahlenmaterial durchgeführt werden.

> **Training: Welche Aufgaben haben das Mehrjahresbudget und der Jahresplan?**
> Erläutern Sie kurz eine Aufgabe des Mehrjahresbudgets, des Jahresbudgets und des Aktionsplanes.

Lösung zum Training:

Mehrjahresbudget: Das Mehrjahresbudget hat die Aufgabe, das angestrebte Ergebnis in finanziellen Größen darzustellen und dient als Norm für das angestrebte Ergebnis. Es ist zugleich Kontrollinstrument für Zielvereinbarungen.

Jahresbudget: Das Jahresbudget wird aus dem Mehrjahresbudget abgeleitet. Es hat die Aufgabe, die realisierten Ergebnisse mit den geplanten Größen zu vergleichen. Bei wesentlichen Abweichungen der realisierten Größen von den geplanten Größen sind diese hinsichtlich der Gründe zu untersuchen.

Aktionsplan: Der Aktionsplan hat die Aufgabe, alle einmaligen bzw. besonderen Aktionen in einem Plan qualitativ darzustellen.

Checkliste: Umsetzung von Maßnahmen	✓
1. Formulierung der persönlichen Ziele des Unternehmers und der Unternehmensziele	
2. Erstellung von strategischen Teilplänen für jede Abteilung	
3. Verbesserungspunkte auf Grundlage der durchgeführten Analyse erarbeiten	
4. Erstellung des Mehrjahresbudgets	
5. Erstellung des Jahresplans durch:	
a. Erstellung des Jahresbudgets	
b. Erarbeitung eines Aktionsplanes für jede Abteilung	
6. Evaluation der Zielsetzungen und Zielvereinbarungen	

3 Leistungen und Aufträge kalkulieren

Das vorige Kapitel hat sich mit der Umsatzsicherung beschäftigt. In diesem Kapitel wird der optimalen Kalkulation von Leistungen und Aufträgen auf den Grund gefühlt. Denn: Eine gute Auftragslage allein ist kein Garant für sicheren Umsatz und Gewinne. Nur, wenn die Leistungen und Aufträge richtig kalkuliert werden, kann das Unternehmen seine finanziellen Ziele verwirklichen.

Kalkulation

Für Unternehmer ist es wichtig zu wissen, wofür welche Kosten anfallen. Die Zurechnung der Kosten zu einzelnen Leistungseinheiten wie einem Produkt oder einer Dienstleistung bezeichnet man als Kostenträgerrechnung – oder auch als Kalkulation. Die zentrale Fragestellung der Kalkulation lautet: Wofür sind die Kosten angefallen?

Die Kalkulation soll folgende Aufgaben erfüllen:

Aufgaben der Kalkulation

1. Lieferung von Unterlagen für preispolitische Entscheidungen. In der Kalkulation soll die kurz- und langfristige Preisuntergrenze bestimmt werden. Es kann auch darum gehen, den „Selbstkostenpreis" oder die gewinnmaximale Preisstellung zu ermitteln.

2. Lieferung von Daten für kurzfristige Entscheidungen und Planungsrechnungen. Hierbei geht es um die Frage, ob eine Leistung bzw. Ware beispielsweise aus dem Sortiment (Angebot) genommen oder ins Sortiment (Angebot) aufgenommen werden soll.

Grundsätzlich müssen Sie alle Kosten den Produktgruppen/Produkten zurechnen. Denn nur dann können Sie die „Selbstkosten" ermitteln und beurteilen, welche Produktgruppen/Produkte einen Gewinn bzw. Verlust und in welcher Höhe erwirtschaften. Eine Kalkulation kann jedoch nicht direkt mit den Daten durchgeführt werden, die die

Zurechnung der Kosten auf Produkte

Finanzbuchhaltung generiert. Die Daten der Finanzbuchhaltung sind in der Regel nach dem Prinzip der Kostenarten gegliedert.

Welches Kostenrechnungssystem?

Zur Kalkulation von Produkten kann man sich für ein oder mehrere kombinierbare Kostenrechnungssysteme entscheiden. Die Wahl des Kostenrechnungssystems richtet sich danach, wie die Leistungen erbracht wurden und welche Aufgaben an das System gestellt werden.

marktnahe Kalkulation

Anwendbar ist die Kosten- und Leistungsrechnung überall dort, wo Produktionsfaktoren im weitesten Sinne zur betrieblichen Leistungserstellung und Verwertung kombiniert werden. Dieser Kombinationsprozess findet in der Regel nicht im Rahmen eines Produktionsmonopols statt, sondern wird von „Mitwettbewerbern" um Kunden/Kundengruppen begleitet. Anstatt dem Markt einen Preis zu diktieren, entsteht die Notwendigkeit zur marktnahen Kalkulation. Oftmals lässt sich der Preis, der im Sinne der Vorwärtskalkulation kalkuliert wurde, nicht am Markt durchsetzen. Dann stellt sich die Frage: Was darf das Produkt am Markt kosten? Die Kosten müssen sich oftmals vollständig dem Marktpreis von Mitwettbewerbern anpassen.

> **Training:**
> Welche Aufgaben hat die Kalkulation?

Lösung zum Training:
Die Kalkulation hat zum einen die Aufgabe, die durch einen Kostenträger verursachten Kosten dem Kostenträger zuzurechnen und damit Daten für preispolitische Entscheidungen zu liefern. Zum anderen hat sie die Aufgabe, Daten für Planungsrechnungen und kurzfristige Entscheidungen zu liefern, beispielsweise für Sortimentsentscheidungen.

3.1 Die Basis der Kalkulation: Ausgangsdaten strukturieren und problematisieren

Ziel der Kostenrechnung ist es, die Kosten den definierten Leistungseinheiten (z. B. Produkten) „richtig" zuzuordnen. Die Zuordnung ist dann „richtig", wenn sie **verursachungsgerecht** ist, d. h. die Leistungseinheiten bekommen die Kosten zugerechnet, die sie verursacht haben.

Beispiel:
Bei der Luftpumpenproduktion werden Kunststoff und Metall verarbeitet. Wenn eine Luftpumpe nicht produziert wird, müssen die Kosten für das anteilige Kunststoff und Metall wegfallen.

Zunächst klingt die Zuordnungsregel einfach, bietet aber in der Praxis einen großen Spielraum.

Die Zuordnungsregel verlangt, dass zunächst die Kosten nach ihrer Art unterteilt (Kostenarten) und in ihrem Anfall pro Abrechnungsperiode (z. B. Monat) genau beziffert werden.

Kostenzuordnung

Kostenartenrechnung

Aufgabe der **Kostenartenrechnung** ist es, die Kosten zum Zweck einer verursachungsgerechten Weiterverrechnung zu gliedern.

Aufgabe der Kostenartenrechnung

Schon bei der Bestimmung und Bezifferung der Kosten des Unternehmens im Rahmen der Kostenartenrechnung entscheiden Sie, ob sich eine bestimmte Kostenart einem/einer bestimmten Produkt/ Dienstleistung direkt zuordnen lässt.

Entsprechend entstehen Beträge in verschiedenen Kostenarten, die sich sofort und ohne weitere Überlegungen einem Produkt der Unternehmung direkt zurechnen lassen. Solche Kosten heißen **Einzelkosten** eines Kostenträgers (Produkt/Dienstleistung). Diejenigen Beträge, die sich nicht direkt einem Produkt bzw. einer Dienstleistung zurechnen lassen, sind **Gemeinkosten**.

Einzel- und Gemeinkosten

Kontroll-Check: Welche Aufgaben hat die Kostenartenrechnung?

Check ✓

1. Erläutern Sie eine Aufgabe der Kostenartenrechnung.
2. Was besagt das Verursachungsprinzip? Geben Sie ein Beispiel für das Verursachungsprinzip.
3. Worin unterscheiden sich Gemeinkosten von Einzelkosten?

Kalkulatorische Kosten

kalkulatorische
Kosten

Um eine exakte Kalkulation der betrieblichen Leistungen zu erstellen, ist eine Ermittlung von **kalkulatorischen Kosten** erforderlich – da die Finanzbuchführung (Geschäftsbuchführung) andere Zielsetzungen verfolgt als die mengen- und wertmäßige Erfassung des leistungszweckbezogenen Ressourcenverbrauchs. Deshalb müssen bestimmte Aufwendungen der Finanzbuchführung in der Kostenrechnung anders verrechnet werden. Es sind dies die so genannten **Anderskosten** (aufwandsungleiche Kosten). Darüber hinaus sind in der Kostenrechnung auch Kosten zu verrechnen, denen überhaupt kein Aufwand in der Finanzbuchhaltung entspricht. Diese aufwandslosen Kosten werden auch als **Zusatzkosten** bezeichnet. Anderskosten und Zusatzkosten werden unter dem Begriff der kalkulatorischen Kosten zusammengefasst.

Check ✓

> **Kontroll-Check: Was sind kalkulatorische Kosten?**
> Erklären Sie die Begriffe Anders- und Zusatzkosten.

Kalkulatorische Abschreibungen

kalkulatorische
Abschreibungen

In der Kostenrechnung werden **kalkulatorische Abschreibungen** angesetzt. Sie weichen in folgenden Punkten von den **bilanziellen Abschreibungen** ab:

1. Die bilanziellen Abschreibungen der Finanzbuchhaltung werden ausschließlich nach steuerrechtlichen Gesichtspunkten vorgenommen. Um in den ersten Nutzungsjahren möglichst hohe Beträge abzuschreiben und damit den steuerlichen Gewinn möglichst niedrig zu halten, wird in der Finanzbuchhaltung meistens die **degressive Abschreibungsmethode** angewandt. In der Kostenrechnung gilt – zur Erreichung einer gewissen Konstanz bei der Kalkulation – der Grundsatz der Stetigkeit des Kostenansatzes. Des Weiteren ist der tatsächliche Werteverzehr zu erfassen. Aus diesen Gründen wird in der Kostenrechnung **linear** oder nach **Leistungseinheiten** abgeschrieben.

2. In der Finanzbuchhaltung gilt das **Nominalwertprinzip**. Für die Abschreibungen bedeutet dies, dass sie von den Anschaffungs-

oder Herstellungskosten berechnet werden. Hingegen ist in der Kostenrechnung das **Substanzerhaltungsprinzip** anzuwenden. Am Ende der Nutzungsdauer eines Anlagegutes muss ein gleichwertiges Anlagegut gekauft werden können. Die Anschaffungskosten des Anlagegutes müssen über die Höhe der Verkaufspreise erwirtschaftet worden sein. Da Anlagegüter Preisschwankungen unterliegen, müssen sich die Abschreibungen in der Kostenrechnung – mit der Zielsetzung der **Substanzerhaltung** – an den **Wiederbeschaffungskosten** orientieren.

3. Im Gegensatz zur Finanzbuchhaltung werden in der Kostenrechnung nur Abschreibungen auf betriebsnotwendige Anlagegüter vorgenommen. Abschreibungen auf Wohnhäuser gehen beispielsweise nicht in die Kostenrechnung ein.

Kontroll-Check:
Nennen Sie drei Unterschiede der kalkulatorischen und bilanziellen Abschreibungen

Check ✓

Training: Wie werden kalkulatorische Abschreibungen errechnet?

kalkulatorische Abschreibungen

Ausgangslage: Ein Lkw mit Anschaffungskosten von 80.000 € wird bilanzmäßig mit 25 % linear abgeschrieben. Die tatsächliche Nutzungsdauer beträgt 5 Jahre. Die Teuerung des Lkw wird auf jährlich 3 % geschätzt.

1. Errechnen Sie den jährlichen bilanzmäßigen Abschreibungsbetrag.

2. Errechnen Sie die Wiederbeschaffungskosten des Lkw am Ende seiner (5jährigen) Nutzungsdauer.

3. Errechnen Sie den jährlichen kalkulatorischen Abschreibungsbetrag.

4. Errechnen Sie die kostenrechnerische Korrektur.

5. Erklären Sie, weshalb bei den kalkulatorischen Abschreibungen von der tatsächlichen Nutzungsdauer und von den Wiederbeschaffungskosten ausgegangen wird.

Lösung zum Training:

Zu Frage 1:

25 % Abschreibungen von den Anschaffungskosten in Höhe von 80.000 € = 20.000 € Abschreibungen p. a.

Zu Frage 2:

Bei einem unterstellten durchschnittlichen Inflationswert von 3 % p. a. ergibt sich folgende Faktorreihe:

Jahr	1.	2.	3.	4.	5.
Faktor	1,000	1,061	1,093	1,126	1,159

Entsprechend dieser Faktorreihe (Aufzinsungsfaktoren), die man Formelsammlungen für verschiedene Inflationswerte entnehmen kann, ergibt sich bei einer betriebsgewöhnlichen Nutzungsdauer von fünf Jahren ein prognostizierter **Wiederbeschaffungswert** von 80.000 € x 1,159 = 92.720 €.

Zu Frage 3:

Die kalkulatorischen Abschreibungen sind mit 20 % von 92.720 € = 18.544 € anzusetzen.

Zu Frage 4:

Der Differenzbetrag zwischen der bilanziellen Abschreibung von 20.000 € p. a. und der kalkulatorischen Abschreibung von jährlich 18.544 €, also 1.456 €, muss in der Kostenrechnung als Korrekturposten zu den bilanziellen Abschreibungen angesetzt werden.

Zu Frage 5:

In der Kostenrechnung gilt – zur Erreichung einer Konstanz bei der Kalkulation – der Grundsatz der Stetigkeit des Kostenansatzes. Zudem ist der tatsächliche Wertverzehr zu erfassen. Daraus folgt, dass die tatsächliche Nutzungsdauer des Anlagegutes bei der Berechnung der Abschreibung zugrunde gelegt werden muss.

Während in der Finanzbuchführung das sog. Nominalwertprinzip gilt, d. h., dass die Wirtschaftsgüter nur mit dem Wert angesetzt werden dürfen, der auch tatsächlich bezahlt wurde, ist in der Kostenrechnung die Inflation bei der Berechnung der Abschreibungen zu berücksichtigen. Der gesamte Abschreibungsbetrag während der betriebsgewöhnlichen Nutzungsdauer ist also nicht der „historische" Anschaffungswert (das wäre das „Nominalwertprinzip" der Finanzbuchführung), sondern der Wert, der vermutlich in fünf Jahren für die Wiederbeschaffung ausgegeben werden muss. Diese Überlegung resultiert aus dem Erfordernis, durch die kalkulatorischen Abschreibungen die notwendigen Mittel zur Wiederbeschaffung im Geldkreislauf der Unternehmung zu behalten und sie z. B. nicht als Gewinn an den/die Eigentümer der Unternehmung auszuschütten. Damit wird zugleich das Ziel der Substanzerhaltung für das Unternehmen verfolgt.

Kalkulatorische Zinsen

Die Eigen- und Fremdkapitalausstattung von Unternehmen ist sehr unterschiedlich. Bei Betriebsvergleichen würde sich ein falsches Bild ergeben, wenn lediglich die Fremdkapitalzinsen in der Kostenrechnung angesetzt würden. Des Weiteren würde der **Zinsentgang für das eingesetzte Eigenkapital** in der Kalkulation nicht berücksichtigt.

kalkulatorische Zinsen

Aus diesen Gründen werden die gesamten **betriebsbedingten Zinsen** in der Kostenrechnung erfasst, die auf Basis des **betriebsnotwendigen Kapitals** (also unter Einbeziehung des Eigenkapitals) ermittelt werden.

Für die Berechnung der kalkulatorischen Zinsen wird der Zinssatz zugrunde gelegt, der bei anderweitiger vergleichbarer Kapitalanlage (gleicher Risikostruktur und -höhe) zu erzielen wäre.

> **Training: Warum müssen in der Kostenrechnung kalkulatorische Zinsen angesetzt werden?**
>
> 1. Begründen Sie, warum in der Kostenrechnung kalkulatorische Zinsen angesetzt werden müssen.
> 2. Begründen Sie, warum das betriebsnotwendige Kapital als Bezugsgröße der kalkulatorischen Zinsen verwendet wird.
> 3. Welcher Zinssatz ist zur Berechnung der kalkulatorischen Zinsen anzusetzen?

Lösung zum Training:
Zu Frage 1:

Bei den kalkulatorischen Zinsen entwickeln Betriebswirte die folgende Fragestellung: Sind die verfügbaren Ressourcen (z. B. das betriebsnotwendige Kapital) unter Renditegesichtspunkten optimal eingesetzt? Wenn Sie für eine Art des Ressourceneinsatzes andere Verwendungsmöglichkeiten haben, dann werden die Renditen (Erträge) dieser anderen Verwendungsmöglichkeiten als Kosten angesetzt. So wird die eigene Verwendungsmöglichkeit einem beständigen, kritischen „Renditetest" unterzogen. So setzen Betriebswirte entgangene Erträge einer nicht realisierten Entscheidungsalternative als Kosten an.

Zu Frage 2:

Als Basisgröße für die kalkulatorischen Zinsen wird das zur Erreichung des Betriebszwecks notwendige Kapital (betriebsnotwendiges Kapital) zugrunde gelegt. Es ist der abstrakte Gegenwert des betriebsnotwendigen Vermögens. Die Eigen- und Fremdkapitalausstattung von Unternehmen ist sehr unterschiedlich. Bei Betriebsvergleichen würde sich daher ein falsches Bild ergeben, wenn lediglich die Fremdkapitalzinsen in der Kostenrechnung ihren Niederschlag fänden. Zudem würde der Zinsentgang für das eingesetzte Eigenkapital in der Kostenrechnung nicht berücksichtigt werden.

Zu Frage 3:

Zur Berechnung der kalkulatorischen Zinsen wird das betriebsnotwendige Kapital mit dem Zinssatz verzinst, der bei anderweitiger vergleichbarer Kapitalanlage (gleicher Risikostruktur und -höhe) zu erzielen wäre. Durch die Festsetzung eines über einen längeren Zeitraum konstant bleibenden kalkulatorischen Zinssatzes wird die Kostenrechnung von zufälligen Zinsschwankungen auf dem Kapitalmarkt befreit.

Training: Wie werden kalkulatorische Zinsen ermittelt?
Ausgangslage: Das abnutzbare Anlagevermögen hat einen Wert von 2.519.340 €, die Vorräte haben einen Wert in Höhe von 274.226 €. Der Forderungsbestand beträgt 247.494 €, die liquiden Mittel betragen

79.687 €. Die Verbindlichkeiten aus Lieferungen und Leistungen belaufen sich auf 170.644 €. Für die Berechnung der kalkulatorischen Zinsen wird ein Zinssatz in Höhe von 10 % zugrunde gelegt. Die tatsächlich aufgewendeten Zinsen für das Fremdkapital betragen 51.070 €.

1. Ermitteln Sie das betriebsnotwendige Kapital.
2. Errechnen Sie die kalkulatorischen Zinsen.
3. Ermitteln Sie die kostenrechnerische Korrektur

Lösung zum Training:
Zu Frage 1:

Das betriebsnotwendige Kapital wird wie folgt berechnet:

betriebsnotwendiges Kapital

	Position	€	€
	betriebsnotwendiges Anlagevermögen:		
	nicht abnutzbares Anlagevermögen	0	
	abnutzbares Anlagevermögen	2.519.340	2.519.340
+	betriebsnotwendiges Umlaufvermögen:		
	Vorräte	274.226	
	Forderungen	247.494	
	liquide Mittel	79.687	601.407
./.	Abzugskapital		
	Anzahlungen von Kunden	0	
	Verbindlichkeiten aus Lieferungen u. Leistungen (soweit zinslos)	170.644	170.644
=	**betriebnotwendiges Kapital**		**2.950.103**

Zu Frage 2:

kalkulatorische Zinsen

Für die Berechnung der kalkulatorischen Zinsen wurde der Zinssatz in Höhe von 10 vom Hundert zugrunde gelegt, der bei vergleichbaren Kapitalanlagen mit ähnlicher Risikostruktur und -höhe zurzeit erzielbar wäre. Das betriebsnotwendige Kapital beträgt 2.950.103 €. Die kalkulatorischen Zinsen betragen somit 295.010 € (10 % von 2.950.103 €).

Zu Frage 3:

Die kalkulatorischen Zinsen betragen 295.010 €, die gezahlten Zinsen 51.070 €. Es entstehen zusätzliche Kosten in Höhe von 243.940 €.

Kalkulatorische Miete

Statt Mietzahlungen fallen bei Unternehmen, deren Geschäfts-, Lager- und Fabrikgebäude sich in ihrem Eigentum befinden, folgende Aufwendungen an:

- Abschreibungen auf Gebäude,
- Instandhaltungsaufwendungen,
- Grundsteuerzahlungen,
- Hypothekenzinsen,
- Versicherungsprämien,
- Betriebskosten.

Nun könnte das Unternehmen die im Eigentum befindlichen Räume vermieten. Dann hätte es Mieteinkünfte. Bei einer Selbstnutzung entgehen ihm die Mieteinkünfte. Diese entgangenen Mieteinkünfte sollten als kalkulatorische Miete angesetzt werden.

Aus Vereinfachungsgründen wird in vielen Unternehmen auf die Erfassung einer kalkulatorischen Miete verzichtet. Begründet wird dies damit, dass die wesentlichen Bestandteile der Gebäudekosten, nämlich die Gebäudeabschreibungen und die Hypothekenzinsen durch die kalkulatorischen Abschreibungen und die kalkulatorischen Zinsen bereits in die Kostenrechnung eingeflossen sind.

In der Kostenrechnung kann auf den Ansatz einer kalkulatorischen Miete nicht verzichtet werden, wenn der Einzelunternehmer oder Personengesellschafter dem Unternehmen Räume oder Gebäude unentgeltlich zur Verfügung stellt. Denn dann würde kein leistungsbedingter Werteverzehr erfasst werden. Grundsätzlich ist die ortsübliche Miete als kalkulatorische Miete anzusetzen.

In die Kostenrechnung sollte aber ein **Mietwert** eingehen, der ver- Mietwert
gleichsweise für gemietete Gebäude hätte bezahlt werden müssen.

Kalkulatorischer Unternehmerlohn

Bei Kapitalgesellschaften erhalten die Vorstandsmitglieder bzw. die kalkulatorischer
Geschäftsführer für ihre leitende Tätigkeit Gehälter, die in die Unternehmer-
Kostenrechnung eingehen. Unternehmer, die in Einzelunternehmen lohn
oder Personengesellschaften leitend tätig sind, dürfen hingegen aus
steuerrechtlichen Gründen keine Gehälter beziehen. Sie haben die
Möglichkeit, Privatentnahmen zu tätigen.

In der Kostenrechnung müssen alle Kosten berücksichtigt werden,
die aus dem leistungsbedingten Verzehr von Sachgütern und Dienstleistungen resultieren. Hierzu gehört auch die dispositive Arbeit des
Unternehmers in Einzelunternehmen und Personengesellschaften.
Die Arbeitsleistungen des Unternehmers sind deshalb als **kalkulatorische Zusatzkosten** in der Kostenrechnung anzusetzen.

Die Höhe des kalkulatorischen Unternehmerlohnes sollte sich an den
Opportunitätskosten orientieren, d. h. es ist das Gehalt anzusetzen,
das der Unternehmer bei einer vergleichbaren Tätigkeit in einem
anderen Unternehmen bekommen würde. Dabei ist von dem Aufga-
bengebiet des Unternehmers, der Größe des Unternehmens und der
Gehaltsstruktur am Standort des Unternehmens auszugehen. Entsprechend diesem ermittelten Betrag wird das Betriebsergebnis verringert.

> **Kontroll-Check:**   Check ✓
> Unter welchen Voraussetzungen und in welcher Höhe sollte kalkulato-
> rischer Unternehmerlohn angesetzt werden?

Spaltung der Kosten in fixe und variable Bestandteile

Die Mindestform jeder Kostenrechnung ist die **Vollkostenrechnung**.
Um aber als Entscheidungsgrundlage für die Preispolitik zu dienen,
muss die Vollkostenrechnung zur **Teilkostenrechnung** (Deckungsbeitragsrechnung) ausgebaut werden. Dazu ist es erforderlich, die
Kosten in **fixe und variable Bestandteile** aufzuspalten.

fixe Kosten

„Fix" und „variabel" kennzeichnet allgemein das Verhalten von Kosten hinsichtlich der Änderung eines Bezugswertes. Die Einflussgröße **Beschäftigung** dominiert in der Kostenrechnungsliteratur. „Fixe Kosten" sind entsprechend diesem Kriterium dadurch gekennzeichnet, dass sich diese Kosten bei einer Änderung der Beschäftigung und damit des Beschäftigungsgrades bei einer gegebenen Kapazität innerhalb einer Periode nicht ändern.

variable Kosten

Hingegen variieren variable Kosten mit der Veränderung der Beschäftigung. Damit müssen fixe Kosten als Voraussetzung für die Herstellung der Betriebsbereitschaft gesehen werden. Die Fixkosten werden nicht durch die Leistungsproduktion als solche, sondern durch Investitionsentscheidungen aufgebaut.

Gemeinkosten

Sehr oft sind **Fixkosten** gleichzeitig **Gemeinkosten**, also die Kosten, die über Bezugsgrößen auf die Kostenträger verrechnet werden.

Zur Zuordnung der Kosten in **variable** und **fixe Kosten** sind die Kostenarten, die Sie aus der Finanzbuchhaltung entnehmen, soweit zu untergliedern, dass eine eindeutige Zuordnung zu den variablen und fixen Kosten möglich ist. Beispielsweise werden auf dem Konto Kfz-Kosten laufende Betriebskosten der Fahrzeuge und Kfz-Steuern gebucht. Die laufenden Betriebskosten sind offensichtlich variabel und die Kfz-Steuern fix. Also ist die Kostenart Kfz-Kosten zu unterteilen in: lfd. Betriebskosten und Kfz-Steuern. Dies ist jedoch nicht bei allen Kostenarten möglich. In diesen Fällen ist der variable und fixe Anteil der Kostenart abzuschätzen.

Check ✓

Kontroll-Check:
Was wird unter fixen und variablen Kosten verstanden?

Kostenspaltung

Training zur Ermittlung der fixen und variablen Kosten
Ausgangslage: Die unten angeführten Werte sind aus der Finanzbuchhaltung des Unternehmens entnommen und in der Kostenartenrechnung normalisiert worden. Sie beziehen sich auf ein Geschäftsjahr.
Ermitteln Sie die variablen und fixen Kosten auf Grundlage der unten angegebenen Daten.

	Gesamt	fixe Kosten	fix	variable Kosten	variabel
	€	€	%	€	%
Materialaufwand	2.568.000		0		100
Fremdleistungen	278.456		0		100
Gehälter	1.789.286		100		0
sozialer Aufwand	359.857		100		0
Raumkosten	178.960		100		0
Telefongrundgebühren	4.300		100		0
lfd. Telefonkosten	46.620		0		100
Werbe-/Reisekosten	89.120		30		70
Kfz-Steuern	41.389		100		0
Kfz-Versicherung	234.987		100		0
lfd. Kfz-Kosten	789.453		0		100
Buchführungs- und Abschlusskosten	32.600		100		0
betriebliche Steuern	234.345		100		0
Versicherungsbeiträge	38.789		100		0
Kosten Warenabgabe	86.453				100
kalk. Zinsen	295.010		100		0
kalk. Abschreibungen	150.329		100		0
kalk. Unternehmerlohn	240.000		100		0
Summe	7.457.954				

Lösung zum Training:

	Gesamt	fixe Kosten	fix	variable Kosten	variabel
	€	€	%	€	%
Materialaufwand	2.568.000	0	0	2.568.000	100
Fremdleistungen	278.456	0	0	278.456	100
Gehälter	1.789.286	1.789.286	100	0	0
sozialer Aufwand	359.857	359.857	100	0	0
Raumkosten	178.960	178.960	100	0	0
Telefongrundgebühren	4.300	4.300	100	0	0

51

	Gesamt	fixe Kosten	fix	variable Kosten	variabel
lfd. Telefonkosten	46.620	0	0	46.620	100
Werbe-/Reisekosten	89.120	26.736	30	62.384	70
Kfz-Steuern	41.389	41.389	100	0	0
Kfz-Versicherung	234.987	234.987	100	0	0
lfd. Kfz-Kosten	789.453	0	0	789.453	100
Buchführungs- und Abschlusskosten	32.600	32.600	100	0	0
betriebliche Steuern	234.345	234.345	100	0	0
Versicherungsbeiträge	38.789	38.789	100	0	0
Kosten Warenabgabe	86.453	0		86.453	100
kalk. Zinsen	295.010	295.010	100	0	0
kalk. Abschreibungen	150.329	150.329	100	0	0
kalk. Unternehmerlohn	240.000	240.000	100	0	0
Summe	7.457.954	3.626.588		3.831.366	

Checkliste: Ausgangsdaten strukturieren

1. Gliederung der Kosten nach den Prinzipien der Reinheit und Einheitlichkeit
2. Ermittlung und Berechnung der kalkulatorischen Kosten:
   a. Ermittlung und Berechnung der kalkulatorischen Abschreibungen
   b. Ermittlung und Berechnung der kalkulatorischen Zinsen
   c. Ermittlung und Berechnung des kalkulatorischen Unternehmerlohns
   d. Ermittlung und Berechnung der kalkulatorischen Miete
3. Aufspaltung der Kosten in fixe und variable Bestandteile

3.2 Know-how zur Kalkulation von Leistungen und Aufträgen – Fakten und Tricks

Kostenrechnungssysteme

Um den Prozess der betrieblichen Leistungserstellung und Verwertung in Zahlen abzubilden, können Sie sich für ein oder mehrere beliebig kombinierbare **Kostenrechnungssysteme** entscheiden. Die Wahl eines Kostenrechnungssystems richtet sich danach, welche Aufgaben an das System gestellt werden.

Unterschieden werden können Kostenrechnungssysteme nach dem Zeitbezug bzw. nach dem Umfang der verrechneten Kosten. Wenn man Kostenrechnungssysteme nach dem **Zeitbezug** unterscheidet, ergeben sich drei Unterteilungen:

* Ist-Kostenrechnung,

* Normal-Kostenrechnung,

* Plan-Kostenrechnung.

Werden die in der Vergangenheit angefallenen Kosten erfasst und auf die in derselben Periode erstellten Leistungen verteilt, spricht man von einer **Ist-Kostenrechnung**. Es stellt sich für den Unternehmer die Frage: Welche Kosten sind angefallen? *Ist-Kostenrechnung*

Zur Beantwortung dieser Frage ist es erforderlich, dass die Kosten nach ihrer Art unterteilt (Kostenarten) und in ihrem Anfall pro Abrechnungsperiode (z. B. Monat) genau beziffert sind. Der Vorteil der Ist-Kostenrechnung ist, die Kosten möglichst so zu erfassen, wie sie tatsächlich angefallen sind. Diesem Vorteil steht jedoch ein erheblicher Nachteil gegenüber: Preis- oder Mengenabweichungen machen in jeder Abrechnungsperiode die Berechnung neuer Kalkulations- und Verrechnungssätze notwendig. Gleichzeitig sind bei saisonalen Schwankungen bei einer Kostenart innerbetriebliche Vergleiche kaum mehr sinnvoll.

Um diese beiden Hauptnachteile der Ist-Kostenrechnung auszugleichen, kann das System der **Normal-Kostenrechnung** angewandt werden. Normalkosten bedeuten dabei, dass die Kosten für eine Kostenart beziffert werden, die normalerweise anfallen. Im einfachsten Fall handelt es sich also um Durchschnittskosten in einer bestimmten Kostenart, die aus den Aufzeichnungen vergangener Perioden gewonnen werden. *Normal-Kostenrechnung*

Die Kostenkontrolle mithilfe von **Normalkosten** kann allerdings auch bedeuten, dass auf dem „Schlendrian" vergangener Perioden aufgebaut wird, weil die Durchschnittskosten dann den „durchschnittlichen Schlendrian" vergangener Abrechnungsperioden wiedergeben.

Es hat sich herausgestellt, dass es für die vorausschauende Planung von Kosten besser ist, mit einer zukunftsgerichteten Plan-Kostenrechnung zu arbeiten.

Plan-Kostenrechnung

Die Plan-Kostenrechnung ermöglicht die Vorkalkulationen auf der Grundlage von Zukunftswerten. Durch die spätere Gegenüberstellung von Plan- und Ist-Kosten werden Abweichungen sichtbar, die nach entsprechender Analyse erkennen lassen, wo und in welcher Höhe es zu Kostenüber- bzw. -unterdeckungen gekommen ist und wer dafür verantwortlich ist bzw. gemacht werden kann.

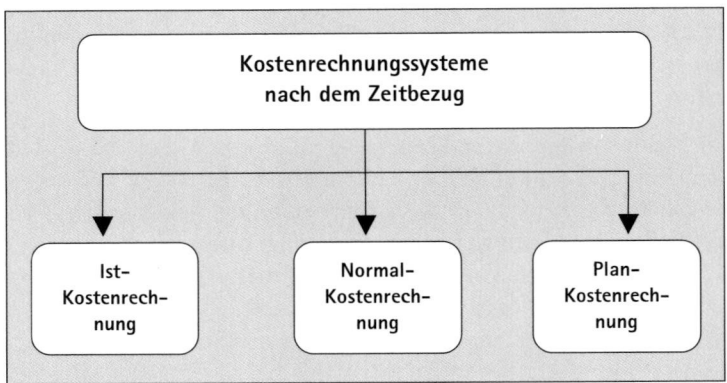

Abb. 6: Kostenrechnungssysteme nach dem Zeitbezug

Neben die Kostenrechnungssysteme, die sich nach dem Zeitbezug ergeben, tritt eine zweite Unterscheidung, die die Kostenrechnungssysteme nach dem Umfang der verrechneten Kosten unterteilt:

* Vollkostenrechnung,

* Teilkostenrechnung.

Wird nur ein Teil der Kosten auf die Produkte verrechnet, während der Rest direkt in die Betriebsergebnisrechnung übernommen wird, liegt eine **Teilkostenrechnung** vor. Im Gegensatz dazu verteilt die **Vollkostenrechnung** alle Kosten auf die Produkte.

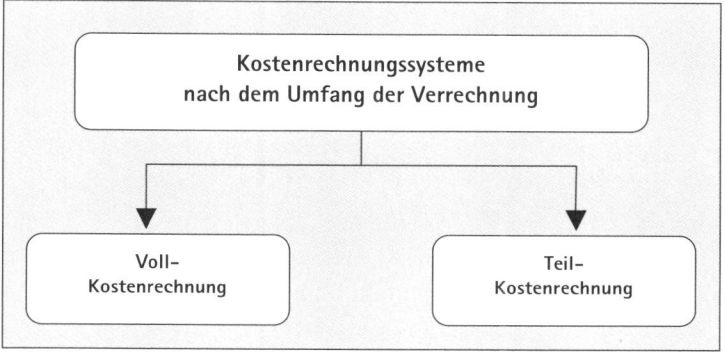

Abb. 7: Kostenrechnungssysteme nach dem Umfang der Verrechnung

Kontroll-Check: Kostenrechnungen   Check

1. Worin unterscheiden sich die Istkosten-, Normalkosten- und Plankostenrechnung?

2. Worin unterscheidet sich die Vollkosten- von der Teilkostenrechnung?

Ist-Kostenrechnung auf Vollkostenbasis

Die Ist-Kostenrechnung auf Vollkostenbasis teilt sich in folgende Bereiche auf:

• Kostenartenrechnung

• Kostenstellenrechnung

• Kostenträgerrechnung

Die Vollkostenrechnung erfasst alle im Rahmen der betrieblichen Tätigkeit einer abgelaufenen Periode angefallenen Kosten und rechnet sie den Leistungen (Kostenträgern) zu. Sie läuft wegen unterschiedlicher Problemstellungen stufenweise ab.

Die nachfolgende Abbildung veranschaulicht die Dreistufigkeit der Vollkostenrechnung:

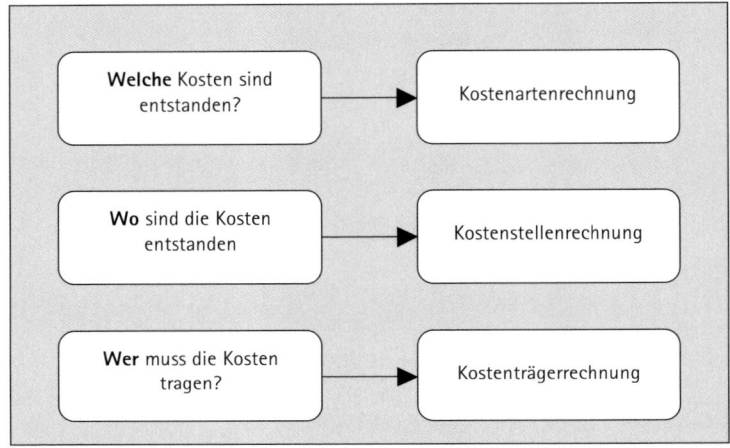

Abb. 8: Dreistufigkeit der Vollkostenrechnung

Kostenarten-
rechnung

Die **Kostenartenrechnung** befasst sich mit der Fragestellung, welche Kosten in der Unternehmung in welcher Höhe angefallen sind. Sie erfasst also die Kosten nach Art und Höhe. Im Rahmen der Kostenartenrechnung können die **Einzelkosten** problemlos auf die Produkte verteilt werden. Etwas komplizierter zu verteilen sind allerdings die **Gemeinkosten**. Für sie ist mit dem Betriebsabrechnungsbogen (BAB) ein spezielles Verteilungssystem entwickelt worden.

Kostenstellen-
rechnung

Immer wieder fallen Kosten an, die nicht direkt den Kostenträgern (Produkte/Dienstleistungen) zugerechnet werden können. Bei der **Kostenstellenrechnung** werden diese hilfsweise in eine Art „kostenrechnerische Mischmaschine" gegossen. So sollen Kosten, die keinem direkten Kostenträger zurechenbar sind (Kostenträgergemeinkosten), später doch „irgendwie" auf die Kostenträger verteilt werden können.

Check ✓

Kontroll-Check: Kostenarten-, Kostenstellen- und Kostenträgerrechnung
Erläutern Sie die Aufgaben der Kostenarten-, Kostenstellen- und Kostenträgerrechnung.

Betriebsabrechnungsbogen

Die Kostenstellenrechnung kann mithilfe des **Betriebsabrechnungs-** *Betriebsabrech-*
bogens (BAB) durchgeführt werden. Er fungiert als Bindeglied zwi- *nungsbogen*
schen der Kostenarten- und der Kostenträgerrechnung (Kalkulati-
on). Die nachfolgende Abbildung verdeutlicht dies:

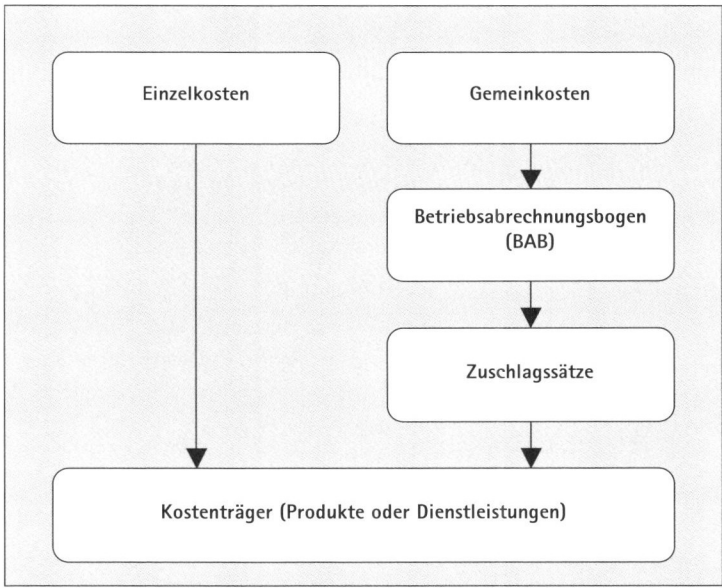

Abb. 9: BAB als Bindeglied zwischen Kostenarten- und Kostenträgerrechnung

Der Betriebsabrechnungsbogen (BAB) ist ein Verteilungsmechanis-
mus, mit dem Gemeinkosten monatlich, pro Quartal oder jährlich
über Zuschlagssätze auf die Produkte verteilt werden sollen.

Um einen BAB erstellen zu können, muss das Unternehmen in *Kostenstellen*
selbstständige Abrechnungseinheiten unterteilt werden – so genannte Kostenstellen. Den Kostenstellen ist unbedingt ein Kostenverant-
wortlicher zuzuordnen, mit dem später die Kostenstellenbudgets
schriftlich vereinbart werden. Das ist dann schon ein erster Schritt in
Richtung Kostenmanagement.

Haupt- und Hilfskostenstellen

Kostenstellen werden häufig noch weiter in **Hilfs-** und **Hauptkostenstellen** unterschieden. Wie der Name sagt, findet die betriebliche Leistungserstellung in den Hauptkostenstellen statt. Die Hilfskostenstellen hingegen geben Leistungen und damit zugleich Kosten über die innerbetriebliche Leistungsverrechnung an nachgelagerte Hauptkostenstellen ab.

Zuschlagssätze

Um die Gemeinkosten über die Kostenstellen den Kostenträgern zurechnen zu können, sind **Zuschlagssätze** zu ermitteln.

Bezugsbasis

Da der Zuschlagssatz als Prozentsatz – umgerechnet in € – später auf die Kostenträger (Produkte/Dienstleistungen) aufgeschlagen wird, muss zur Berechnung eine **Bezugsbasis** gewählt werden. Die Gemeinkosten der Hauptkostenstellen werden auf eine geeignete Basis (z. B. Fertigungslöhne, Maschinenstunden) bezogen.

Die **Ist-Zuschlagssätze** dienen der Kalkulation der Leistungen. Die Kostenstellenrechnung verteilt also die **Gemeinkosten** mithilfe von **Zuschlagsätzen** auf die Kostenträger (Produkte/Dienstleistungen). Als Kalkulationsverfahren wird die so genannte differenzierende Zuschlagskalkulation verwenden.

Check ✔

Kontroll-Check: Betriebsabrechnungsbogen (BAB)

1. Welche Aufgabe hat der Betriebsabrechnungsbogen?
2. Welche Voraussetzung muss erfüllt sein, damit ein Betriebsabrechnungsbogen erstellt werden kann?
3. Wie werden die Gemeinkosten auf die Kostenträger verrechnet?

Differenzierende Zuschlagskalkulation

differenzierende Zuschlagskalkulation

Dieses Verfahren verwendet mehrere Zuschlagssätze (daher heißt es „differenzierend"). Bei der **Zuschlagskalkulation** werden die durch einen Kostenträger verursachten Einzelkosten aus vorhandenen Unterlagen (z. B. Stücklisten, Lohnscheine, Arbeitspläne) festgestellt und um Gemeinkosten-Zuschläge erhöht. Die Gemeinkosten-Zuschläge kommen aus dem BAB.

Das Kalkulationsschema ist wie folgt aufgebaut:

Materialeinzelkosten		
+ Materialgemeinkosten	=	**Materialkosten**

Fertigungseinzelkosten		
+ Fertigungsgemeinkosten		
+ Sondereinzelkosten Fertigung	=	**Fertigungskosten**
	=	**Herstellkosten**
+ Verwaltungsgemeinkosten		
+ Vertriebsgemeinkosten		
+ Sondereinzelkosten Vertrieb		
	=	**Selbstkosten**

Materialeinzelkosten und Materialgemeinkosten bilden zusammen die Materialkosten eines Kostenträgers. Über die Ist-Zuschlagssätze des BAB werden die Materialgemeinkosten beziffert. Fertigungseinzelkosten (anteilige Löhne) und Fertigungsgemeinkosten bilden zusammen mit den Sondereinzelkosten der Fertigung (Modelle, Pläne o. Ä.) die Fertigungskosten.

Materialkosten und Fertigungskosten werden zu den so genannten Herstellkosten addiert. Diese werden erweitert um die Verwaltungs- und Vertriebsgemeinkosten (ggf. plus Sondereinzelkosten des Vertriebs, wie Zölle, Sonderverpackungen, Verkaufsprovisionen o. Ä.) und bilden dann die Selbstkosten des Kostenträgers.

Bei dieser Kalkulation muss bedacht werden, dass auf die Selbstkosten noch Gewinn-, Skonto- und ggf. Rabattzuschläge kalkuliert werden. Schließlich gelangt man dann zum Nettolistenpreis, der um die Umsatzsteuer ergänzt ein Bruttolistenpreis ist.

> **Kontroll-Check: Was ist eine differenzierende Zuschlagskalkulation?**
> 1. Worin besteht der Unterschied zwischen einer einfachen und einer differenzierenden Zuschlagskalkulation?
> 2. Beschreiben Sie kurz das Verfahren der differenzierenden Zuschlagskalkulation.

Die Prozesskostenrechnung

Wo die Kostenstellenmethode von Produkten als Kostenverursacher ausgeht, sieht die **Prozesskostenrechnung** Aktivitäten bzw. Prozesse (Arbeitsprozesse) als Kostenverursacher. Bei der Prozesskostenrechnung basiert die Zurechnung von Kosten auf Aktivitäten, die als Arbeitsprozesse konzeptualisiert und kalkuliert werden. So werden in einem Unternehmen bestimmte Aktivitäten zunehmen, wenn mehr Produktvarianten eingeführt werden. Das Umstellen von Maschinen beispielsweise führt dann zu einer Erhöhung der Kosten dieser Aktivitäten. Auf diese Weise werden bei Anwendung der Prozesskostenrechnung die veränderten indirekten Kosten (Gemeinkosten) berücksichtigt.

Bei der Prozesskostenrechnung sollte nach einem Stufenplan vorgegangen werden, der aus fünf aufeinander folgenden Schritten besteht:

Checkliste

1. **Inventarisiere alle Aktivitäten** der Organisation und ordne sie zu homogenen Gruppen. Eine derartige Gruppe wird als „cost-pool" bezeichnet. Beispiel: Produktionsplanung.

2. **Inventarisiere die Kosten**, die durch eine bestimmte Aktivität verursacht werden. Beispiel: Die gesamten Produktionsplanungskosten betragen € 100.000.

3. **Identifiziere die Faktoren**, die die Kosten der Aktivität verursachen („cost-drivers"). Beispiel: Die Kosten der Produktionsplanung sind von der Anzahl der Varianten abhängig (und nicht, wie dies häufig bei den traditionellen Zurechnungsmethoden unterstellt wird, von der Anzahl der Produktionseinheiten).

4. **Bestimme** für jeden Kostenverursacher einer Aktivität einen **Verteilungsschlüssel**. Der Verteilungsschlüssel besteht aus einem Tarif oder Preis pro Kostenverursacher. Beispiel: € 2.500 pro Produktionsserie.

5. **Rechne** die **Kosten** der Aktivitäten den **Kostenträgern zu.** Kostenträger sind Endprodukte oder Kunden. Kostenträger werden manchmal auch als Kalkulationsobjekte bezeichnet. Beispiel: Eine Produktionsserie besteht aus 1.000 Produktionseinheiten. Der Kostenanteil der Produktionsplanung beträgt dann € 2,50 pro Produktionseinheit. Diese werden den Kostenträgern zugerechnet.

Die Besonderheit der **Prozesskostenrechnung** liegt darin, dass die Verrechnung von Kosten nicht über Kostenstellen und die dort traditionell wertmäßig ermittelbaren Bezugsgrößen erfolgt – sondern über abgegrenzte Prozesse und deren mengenmäßige Wiederholungen. Damit stellt sie eine neuartige Modifikation der Vollkostenrechnung dar, die Prozesse als Bewertungsobjekt isoliert.

Hauptanliegen der **Prozesskostenrechnung** ist es, Kosteneinflussgrößen zur Analyse des wachsenden Gemeinkostenblocks bzw. zur effizienten Analyse des Gemeinkostenbereichs zu ermitteln.

Kosteneinflussgrößen

Die **Prozesskostenrechnung** orientiert sich an der traditionellen Kostenarten-, Kostenstellen- und Kostenträgerrechnung. Es werden den traditionell nach verbrauchten Produktionsfaktoren gegliederten Kostenarten prozessgegliederte Kostenarten, wie z. B. „Auftragsabwicklungskosten" hinzugefügt.

Die folgende Tabelle gibt einen zusammenfassenden Überblick über die zentralen Begriffe der Prozesskostenrechnung:

Prozess	Eine auf die Erbringung eines Leistungsoutputs gerichtete Kette von Aktivitäten.
Hauptprozess	Eine Kette homogener Aktivitäten, die demselben Kosteneinflussfaktor unterliegen.
Teilprozess	Eine Kette homogener, unmittelbar aufeinander folgender Aktivitäten innerhalb einer Kostenstelle, die einem oder mehreren Hauptprozessen zugeordnet werden kann.
Kosteneinflussfaktor (cost driver)	Instrument zur Messung der Anzahl der Hauptprozessdurchführungen und Messgröße für die Ressourceninanspruchnahme von Aktivitäten.
Maßgröße	Instrument zur Messung der Anzahl der Teilprozessdurchführungen in der Kostenstelle.

Kontroll-Check: Was ist eine Prozesskostenrechnung?   Check

1. Worin unterscheidet sich die Prozesskostenrechnung von der traditionellen Vollkostenrechnung?
2. Welches Hauptanliegen hat die Prozesskostenrechnung?

Die Grenzplankosten-, relative Einzelkosten- und Deckungsbeitragsrechnung auf Teilkostenbasis

Aus der Kritik an der Vollkostenrechnung sind Teilkostenrechnungssystemen wie die Grenzplankostenrechnung, die Relative Einzelkosten- und die Deckungsbeitragsrechnung entstanden. Sie schlüsseln Gemeinkosten nicht nach dem Verursachungsgedanken.

Das **Grenzplankosten- und Deckungsbeitragsrechnungssystem** ist charakterisiert durch eine strikte Trennung in fixe und variable Kosten (hinsichtlich der Beschäftigung), die in der Kostenartenrechnung vorzunehmen ist. Lediglich variable Kosten werden auf die Kostenträgereinheit zugerechnet.

Grenzplankostenrechnung

Die **Grenzplankostenrechnung** unterscheidet in Bezugsgrößen des direkten (d. h. des unmittelbar mit der Erstellung des Absatzobjektes in Beziehung stehenden Unternehmensbereichs) und des indirekten Leistungsbereichs eines Unternehmens. Während Bezugsgrößen zur Verrechnung von Kosten des direkten Leistungsbereichs volumenabhängig sind (z. B. Fertigungsstunden, Maschinenstunden und Materialmengen), sind die Kosten im indirekten Bereich (in dem vornehmlich Gemeinkosten entstehen) völlig unabhängig vom Produktionsvolumen.

relative Einzelkostenrechnung

Die **relative Einzelkosten-** und **Deckungsbeitragsrechnung** ist ein Teilkostenrechnungssystem. Es verzichtet nicht nur auf die Verteilung von Fixkosten, sondern auch auf das Schlüsseln variabler Gemeinkosten, die den Leistungen nicht direkt zurechenbar sind.

Identitätsprinzip

Da die Zuordnung von Kosten zu Leistungen nicht mit dem Verursachungsprinzip erklärt werden kann, wurde das **Identitätsprinzip** als universell anwendbares Zurechnungsprinzip entwickelt. Die Zurechnung wird als Gegenüberstellung eindeutig zusammengehöriger Größen aufgefasst. Leistungserstellung und Wertverzehr (Kosten) werden diesem Begriff zufolge als gemeinsame Konsequenz von Entscheidungen angesehen. Demzufolge lassen sich nur Bezugsobjekte und Wertverzehr (Kosten) einander gegenüberstellen, die auf dieselbe Entscheidung zurückzuführen sind.

Eine wesentliche Besonderheit der **relativen Einzelkostenrechnung** ist der Verzicht auf die klassische Dreiteilung in Kostenarten-, Kostenstellen- und Kostenträgerrechnung. Sie wird ersetzt durch eine zweckneutrale Grundrechnung. Es handelt sich dabei um eine universell auswertbare Zusammenstellung relativer Einzelkosten. Deren „Bausteine" können in vielfältiger Weise kombiniert werden und erlauben einen schnellen Aufbau von Sonderrechnungen für verschiedene Fragestellungen. Innerhalb der Grundrechnung wird nicht gerechnet. Vielmehr stellt sie einen Datenpool in tabellarischer Form zur Verfügung.

Die **Deckungsbeitragsrechnung** lässt eine Vielzahl an möglichen Kontierungen auf verschiedenste Kalkulationsobjekte zu und ist damit flexibel an unterschiedliche Entscheidungssituationen anpassbar.

Deckungsbeitragsrechnung

Die **stufenweise Deckungsbeitragsrechnung** ist kein eigenständiges Kostenrechnungssystem, sondern eine Verrechnungsmethode einer Teilkostenrechnung. Die stufenweise Deckungsbeitragsrechnung ist wie folgt aufgebaut:

stufenweise Deckungsbeitragsrechnung

Summe Erlöse der Leistungen
./. direkt den Leistungen zurechenbare Einzelkosten
= DB I (Leistungsdeckungsbeitrag)
./. direkt einer Kostenstelle zurechenbare Kosten
= DB II (Kostenstellendeckungsbeitrag)
./. direkt einer Abteilung zurechenbare Kosten
= DB III (Abteilungsdeckungsbeitrag)
./. direkt dem Unternehmen zurechenbare Kosten
= DB IV (Erfolgsbeitrag des Unternehmens)

Das Besondere der Rechnung besteht darin, dass der Fixkostenblock/Gemeinkostenblock nicht summarisch als ungegliederter, undifferenzierter Kostenblock behandelt, sondern in verschiedene Schichten (Stufen, Aggregationsstufen) gespalten wird.

Das retrograde Vorgehen – ausgehend von Erlösen werden Kosten schichtenweise abgezogen – setzt voraus, dass dem zu betrachtenden Objekt auch Erlöse zugeordnet werden können. Die Zahl der

Fixkostendeckungsrechnung

Schichten orientiert sich an der Unternehmensgröße sowie der Aufbauorganisation. Der Nutzen der Fixkostendeckungsrechnung wächst mit den Möglichkeiten, klar abgegrenzte Segmente (eventuell mit eigenen Erlösen) zu bilden und ist demzufolge vom Grad der Arbeitsteilung/Spezialisierung abhängig. Die Kostenstellenbildung sollte sich an den Sektionen orientieren.

Deckungsbei-
tragshierarchie

Die **Deckungsbeitragshierarchie** der stufenweisen Deckungsbeitragsrechnung zeigt, welche Bezugsobjekte welche **Fixkostenschichten** allein oder im Verbund mit anderen beanspruchen. Damit wird deutlich, welche Kostenschichten von welchen Erträgen zu decken sind. Im Vergleich zur Vollkostenrechnung verzichtet sie jedoch auf die problematische Schlüsselung von Kosten. Die Ansatzpunkte zu treffender dispositiver Entscheidungen werden offen gelegt, wie z. B. die Entscheidung für die Aufgabe einer Leistungsgruppe oder einer Abteilung (bei einer Stufungshierarchie entlang der Aufbauorganisation).

Check

Kontroll-Check: Teilkostenrechnungssysteme
1. Was haben alle Teilkostenrechnungssysteme gemeinsam?
2. Worin unterscheiden sich die Grenzplankosten-, die relative Einzelkosten- und die Deckungsbeitragsrechnung?
3. Worin liegt die Besonderheit der stufenweisen Deckungsbeitragsrechnung?

Zusammenfassung: Wissenswertes zur Kalkulation	
1.	Kostenrechnungssysteme können nach dem Zeitbezug unterteilt werden in: Ist-Kostenrechnung, Normal-Kostenrechnung und Plan-Kostenrechnung.
2.	Die Ist-Kostenrechnung erfasst die tatsächlich angefallenen Kosten einer Periode aus der Vergangenheit und verrechnet diese auf die erstellten Leistungen.
3.	Die Normal-Kostenrechnung bereinigt die tatsächlich angefallenen Kosten von Zufälligkeiten und verrechnet die „normalisierten" Kosten auf die erbrachten Leistungen.

4. Die Plan-Kostenrechnung arbeitet mit Zukunftswerten. Durch die Gegenüberstellung von Plan- und Ist-Kosten können Kostenüber- bzw. Kostenunterdeckungen ermittelt werden.

5. Kostenrechnungssysteme können nach dem Umfang der verrechneten Kosten unterteilt werden in: Vollkostenrechnung und Teilkostenrechnung.

6. Die Vollkostenrechnung verteilt alle Kosten auf die Kostenträger.

7. Die Teilkostenrechnung verrechnet nur einen Teil der entstandenen Kosten auf die Kostenträger; der Rest wird direkt in die Betriebsergebnisrechnung übernommen.

8. Die Ist-Kostenrechnung auf Vollkostenbasis läuft in drei Stufen ab: a) Kostenartenrechnung, b) Kostenstellenrechnung, c) Kostenträgerrechnung.

   a) Die Kostenartenrechnung erfasst Kosten nach Art und Höhe.

   b) Die Kostenstellenrechnung verteilt die nicht direkt den Kostenträgern zurechenbaren Kosten (Gemeinkosten) über den Betriebsabrechnungsbogen (BAB) auf die Kostenträger. Dazu ist es erforderlich, Kostenstellen zu bilden, die mit den angefallenen Kosten belastet werden. Die Kostenstellen werden unterteilt in: Hauptkosten- und Hilfskostenstellen. Hauptkostenstellen sind Kostenstellen, die betriebliche Leistungen erbringen. Hilfskostenstellen sind Kostenstellen, die an nachgelagerte Kostenstellen Leistungen abgeben. Die Kosten der Hilfskostenstellen werden über die innerbetriebliche Leistungsverrechnung auf die Hauptkostenstellen verrechnet. Für die Kosten der Hauptkostenstellen werden auf Basis von geeigneten Bezugsgrößen (z. B. Materialeinzelkosten, Fertigungslöhne, Maschinenstunden) Zuschlagssätze ermittelt. Mithilfe der Zuschlagssätze werden die Gemeinkosten der Hauptkostenstellen auf die Kostenträger verrechnet.

   c) Die Kostenträgerrechnung wird in Form der differenzierenden Zuschlagskalkulation durchgeführt. Bei der differenzierenden Zuschlagskalkulation werden die durch einen Kostenträger verursachten Einzelkosten erfasst und auf die Einzelkosten Gemeinkosten in Form von Zuschlagssätzen hinzugerechnet.

9. Die Prozesskostenrechnung verrechnet Gemeinkosten nicht über Kostenstellen, sondern über abgegrenzte Prozesse.

10. Hauptanliegen der Prozesskostenrechnung ist, Einflussgrößen der Gemeinkosten zu ermitteln und Informationen zur Kalkulation von Prozessen bereitzustellen.

11.	Die Prozesskostenrechnung eignet sich für alle Prozesse, die sich wiederholen.
12.	Die Prozesskostenrechnung vollzieht sich in folgenden Schritten: 1. Definition des Untersuchungsbereichs und Festlegung der Zielsetzung; 2. Bildung von Hypothesen über Hauptprozesse und Cost Driver; 3. Tätigkeitsanalyse zur Teilprozessermittlung; 4. Kapazitäts- und Kostenzuordnung (Prozesskostenstellenrechnung); 5. Hauptprozessverdichtung und Prozesskostenplanung.
13.	Die Teilkostenrechnung wird untergliedert in: Grenzplankostenrechnung, relative Einzelkostenrechnung und Deckungsbeitragsrechnung.
14.	Die Grenzplankostenrechnung trennt die Kosten in fixe und variable Bestandteile. Nur die variablen Kosten werden auf die Kostenträger verrechnet. Es werden zur Verteilung der variablen Kosten Einflussgrößen und damit Bezugsgrößen zur Schlüsselung der variablen Kosten ermittelt. Die Bezugsgrößen sind für den direkten Bereich volumenabhängig und für den indirekten Bereich volumenunabhängig. Damit wird versucht, Kostenblöcke, die mit wertmäßigen Schlüsseln Kostenträgern nicht zurechenbar sind, transparenter zu gestalten.
15.	Die Relative Einzelkostenrechnung rechnet Kosten den Leistungen nicht nach dem Verursachungsprinzip zu, sondern nach dem Identitätsprinzip. Leistungen und Kosten werden als zusammengehörige Größe aufgefasst, d. h. Leistungserstellung und Kostenentstehung beruhen gemeinsam auf derselben Entscheidung. Die Relative Einzelkostenrechnung verzichtet auf die klassische Dreiteilung in Kostenarten-, Kostenstellen- und Kostenträgerrechnung. Stattdessen wird eine zweckneutrale Grundrechnung aufgebaut, d. h. es wird ein Datenpool mit Leistungs- und Kosteninformationen (relative Einzelkosten) zur Verfügung gestellt. Diese so genannten „Bausteine" können in vielfältiger Weise kombiniert und in Form einer Sonderrechnung zur Kalkulation verwendet werden.
16.	Die Deckungsbeitragsrechnung wird üblicherweise in Form der stufenweisen Deckungsbeitragsrechnung angewendet. Sie ist kein eigenständiges Kostenrechnungssystem, sondern eine Verrechnungsmethode der Teilkostenrechnung. Der Fixkostenblock/Gemeinkostenblock wird in verschiedene Schichten aufgespalten. Ausgehend von Erlösen werden schichtenweise Kosten abgezogen (retrogrades Vorgehen). Damit wird deutlich, welche Kostenschichten von welchen Erträgen zu decken sind.

3.3   Wie Sie Leistungen/Aufträge kalkulieren

Wie erwähnt, ist die Vollkostenrechnung die Mindestform jeder Kostenrechnung. Um aber Entscheidungsgrundlage für die Preispolitik sein zu können, muss die Vollkostenrechnung zur Teilkostenrechnung ausgebaut werden. Es werden zwei verschiedene Methoden der Vollkostenrechnung kombiniert angewandt, mit denen alle Kosten systematisch den Produktgruppen/Produkten zugerechnet werden können. Diese beiden Methoden sind zur Durchführung einer Kalkulation geeignet. Es sind dies die traditionelle Kostenstellenmethode und die Prozesskostenrechnung, die ebenfalls die Kosten den Kostenstellen zurechnet. Beide genannten Methoden zielen darauf ab, eine Antwort auf die Frage zu finden, wie die Kosten den Kostenträgern zugerechnet werden müssen. Des Weiteren wird die Anwendung der Deckungsbeitragsrechnung eingeübt, um zu preispolitischen Entscheidungen kommen zu können.

Die Kostenstellenmethode

Die Kostenstellen können in drei Gruppen eingeteilt werden:

Kostenstellenarten

1. **Hilfskostenstellen**: Eine Hilfskostenstelle ist ein nicht tatsächlich bestehender Teil eines Betriebes im Sinne des Leistungserstellungsprozesses, sondern eine Kostengruppe, die nur mittelbar mit dem Produktionsprozess in Verbindung steht. Beispiele für Hilfskostenstellen können Geschäftsführung, betriebliche Sozialeinrichtungen und Betriebswohnungen sein.

2. **Selbstständige Kostenstellen**: Dies sind organisatorische Einheiten, die nicht unmittelbar produktiv sind, aber Leistungen für andere Kostenstellen erbringen und damit einen Dienstleistungscharakter haben. Beispiele hierfür sind Einkauf, Forschung, Verwaltung und Planung.

3. **Hauptkostenstellen**: Dies sind die organisatorischen Einheiten, die unmittelbar Leistungen an die Endprodukte abgeben. Beispiele hierfür sind Produktion, Transport und Verkauf.

Üblicherweise werden in der Praxis Kostenstellen in **Haupt- und Hilfskostenstellen** unterteilt, wobei als Unterscheidungsmerkmal die Leistungsabgabe an Produkte verwendet wird. Alle Kostenstellen, die Leistungen direkt an Endprodukte abgeben, sind Hauptkostenstellen. Kostenstellen, die indirekt über andere Kostenstellen Leistungen an Endprodukte abgeben, sind Hilfskostenstellen.

Die Zurechnung von **Kostenträgergemeinkosten** und **Kostenstellengemeinkosten** erfolgt schrittweise. Zunächst werden die Gemeinkostenarten den diversen Kostenstellen zugerechnet. Mithilfe von Verteilungsschlüsseln werden dann die Kosten der Hilfskostenstellen und der selbstständigen Kostenstellen auf die Hauptkostenstellen verteilt. Auf diese Weise werden alle indirekten Kosten den Hauptkostenstellen zugerechnet. Werden die gesamten Kosten der Hauptkostenstellen durch die Anzahl der produzierten Einheiten geteilt, erhält man die Kosten pro produzierte Einheit.

Check ✔

Kontroll-Check: Kostenstellenmethode
1. Worin unterscheiden sich Hilfskostenstellen von Hauptkostenstellen?
2. Wie werden die Gemeinkosten den Kostenträgern zugerechnet?

Kostentreiber: Neue Produkte verursachen Kosten

Mengenabhängige Kostentreiber

mengenabhängige Kostentreiber

Bei einem mengenabhängigen Kostentreiber besteht ein proportionaler Zusammenhang zwischen indirekten Kosten und der Produktionsmenge.

Ein Beispiel hierfür ist der Energieverbrauch pro Produktionseinheit. Diese indirekten Kosten steigen/sinken proportional mit einer Zunahme/Abnahme der produzierten Produkteinheiten.

Batch- (oder serien-)abhängige Kostentreiber

batch-abhängige Kostentreiber

Batch- (oder serien-)abhängige Kostentreiber setzen einen Zusammenhang zwischen den indirekten Kosten und der Anzahl der batches (oder Serien), in denen das Produkt hergestellt wird, voraus.

Ein Beispiel hierfür sind die Kosten, die durch das Einrichten von Maschinen verursacht werden, bevor eine neue Serie aufgelegt wird.

Diese Kosten nehmen nicht proportional zu oder ab im Verhältnis zu dem Produktionsvolumen (Anzahl der hergestellten Produkte), aber mit der Anzahl der Serien. Bei größeren Serien nehmen die Kosten pro Produkteinheit ab. Werden mehr Serien hergestellt, z. B. als Folge der Einführung von neuen Produktvarianten, steigen diese Kosten im Durchschnitt pro Produkteinheit.

Produkt(-gruppen)abhängige Kostentreiber

Die produkt(-gruppen)abhängigen Kostentreiber zielen auf den Zusammenhang, dass bestimmte Kosten nur von spezifischen Produkten verursacht werden.

produktabhängige Kostentreiber

Produziert z. B. eine Fabrik drei Sorten von Tischen, wovon eine Sorte lackiert wird und die anderen zwei Sorten nicht, dann verursacht nur die lackierte Sorte von Tischen Lackierkosten. Die Lackierkosten sind dann produktabhängige Kosten, die in unserem Beispiel mit der Anzahl der lackierten Tische variieren.

Infrastrukturabhängige Kostentreiber

Unter infrastrukturabhängigen Kostentreibern werden alle Kosten subsumiert, die nicht über die oben beschriebenen Kostentreiber den Produkten zugerechnet werden können. Beispiele hierfür sind Zinsen und Abschreibung auf Gebäuden. Auch bei der Prozesskostenrechnung entgeht man nicht dem Problem, diese Kostenträgergemeinkosten den Kostenträgern über mehr oder weniger willkürliche Verteilungsschlüssel zuzurechnen.

infrastrukturabhängige Kostentreiber

Die Zurechnung der Kosten auf die Kostenträger kann schematisch wie folgt dargestellt werden:

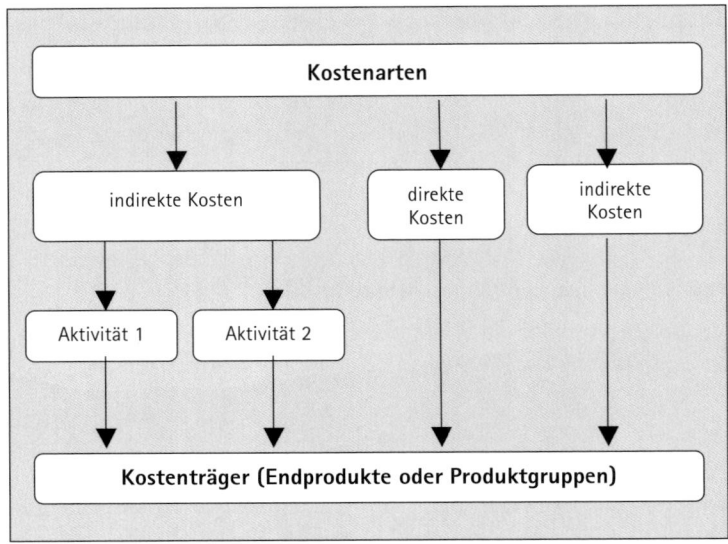

Abb. 10: Zurechnung der Kosten auf die Kostenträger durch die Prozesskostenrechnung

Das primäre Ziel der **Prozesskostenrechnung** ist es, die integralen Kosten pro Produkteinheit möglichst genaue festzustellen. Die Bedeutung hiervon liegt darin begründet, dass die ermittelten Kosten pro Produkteinheit „product costs" als Basis zur Festsetzung des Verkaufspreises oder in einem breiteren Kontext der sortimentspolitischen Entscheidungen dienen. Die Fragen des Angebotspreises spielen gerade für Unternehmen mit einen hohen Wettbewerbsintensität eine überlebenswichtige Rolle, um sich nicht durch Fehlkalkulationen aus dem Markt zu katapultieren.

Check ✔

Kontroll-Check: Prozesskostenrechnung

1. Worin unterscheidet sich die Prozesskostenrechnung von der Kostenstellenmethode?
2. Welche Schritte sind zur Durchführung der Prozesskostenrechnung erforderlich?
3. Worin unterscheiden sich die vier Arten von Kostentreibern?

Zusammenfassung: Kostenstellenmethode und Prozesskostenrechnung	
1.	Die Kostenstellenmethode sieht Produkte als Verursacher von Kosten an, die Prozesskostenrechnung hingegen Aktivitäten.
2.	Kostenstellen können in drei Gruppen eingeteilt werden: Hilfskostenstellen, selbstständige Kostenstellen und Hauptkostenstellen. In der Praxis werden die Kostenstellen üblicherweise in Hilfskostenstellen und Hauptkostenstellen untergliedert.
3.	Bei der Kostenstellenmethode werden die Gemeinkosten schrittweise den Kostenträgern zugerechnet. Zunächst werden die Gemeinkostenarten den diversen Kostenstellen zugeordnet. Danach werden die Kosten der Hilfskostenstellen und selbstständigen Kostenstellen mittels Verteilungsschlüsseln auf die Hauptkostenstellen umgelegt. Die Kosten der Hauptkostenstellen werden danach auf die Kostenträger verrechnet.
4.	Vorteile der Kostenstellenmethode sind: einfache Ermittlung der notwendigen Daten aus der Finanzbuchführung sowie einfache praktische Anwendung.
5.	Das primäre Ziel der Prozesskostenrechnung ist die Feststellung der Kosten pro Produkteinheit.
6.	Die Prozesskostenrechnung wird in fünf aufeinander folgenden Schritten durchgeführt: a. Inventarisierung aller Aktivitäten und Bildung von homogenen Gruppen (cost pool) b. Inventarisierung aller Kosten, die durch eine bestimmte Aktivität verursacht werden c. Identifizierung der Kostenverursacher für jede Aktivität d. Bestimmung der Verteilungsschlüssel für jeden Kostenverursacher einer Aktivität e. Zurechnung der Kosten der Aktivitäten auf die Kostenträger
7.	Es werden vier Arten von Kostentreibern unterschieden: mengenabhängige, batchabhängige (serienabhängige), produktabhängige und infrastrukturabhängige Kostentreiber.
8.	Die Anwendung der Prozesskostenrechnung ist arbeitsintensiv und erfordert einen hohen personellen Aufwand.

Kostenverteilung für verschiedene Produktionstypen

Die wenigsten Unternehmen produzieren Standardprodukte. Entsprechend können die wenigsten Unternehmen das Basismodell der Kostenstellenmethode verwenden.

Es werden die folgenden Teilgruppen unterschieden:

- Betriebe mit homogener Massenproduktion
- Betriebe mit heterogener Massenproduktion
- Betriebe mit Stückproduktion
- Handelsbetriebe

Massenproduktion

Unter Betrieben mit **homogener Massenproduktion** werden Betriebe verstanden, die ihre Produkte ohne Rücksicht auf die individuellen Wünsche der Abnehmer herstellen. Wenn ein Hersteller von Handtaschen etwa lediglich ein Modell einer Handtasche herstellt, handelt es sich um eine homogene Massenproduktion. Betriebe mit **heterogener Massenproduktion** bieten ihr Produkt in mehreren Varianten an.

Dies ist zum Beispiel bei Automobilfirmen der Fall. Kunden können hier verschiedene Modellvarianten mit verschiedensten Ausstattungen erwerben, Betriebe mit **Stückproduktion** stellen ein Produkt her, das vollständig auf die spezifischen Wünsche eines individuellen Abnehmers abgestimmt ist. Ein Beispiel ist ein Möbelhersteller, der nur nach Kundenwünschen fertigt. Produkte können sowohl Güter als auch Dienstleistungen sein.

homogene und heterogene Massenproduktion

Die Unterscheidung zwischen **homogener** und **heterogener Massenproduktion** wird vorgenommen, damit Sie bei der Kostenverteilung batch-, mengen- und produktabhängige Kosten berücksichtigen können. Bei einer homogenen Massenproduktion findet eine Produktion eines Produktes in einer (unendlichen) Serie (batch) statt. In diesen Fällen spielen batch- und produktabhängige Kosten keine Rolle. Bei Betrieben mit heterogener Massenproduktion sind diese Kosten jedoch zu berücksichtigen. Dies hat Folgen für die Anwendung von Verteilungsschlüsseln.

Stückproduktion

Neben Betrieben mit Massenproduktion gibt es Betriebe mit **Stückproduktion**. Die Verteilung der Kosten muss in diesen Betrieben wesentlich anders vorgenommen werden, weil hier einzigartige Produkte hergestellt werden. Einzigartige Produkte sind nicht oder schwer vergleichbar, aber die Arbeitsvorgänge zur Herstellung dieser Produkte stimmen meistens überein. Das Berechnen der Kosten der diversen Arbeitsvorgänge spielt bei dieser Gruppe von Betrieben eine wichtige Rolle.

Zum Schluss werden die **Handelsbetriebe** genannt. Hier findet keine Ver- und/oder Bearbeitung statt. Dies bedeutet jedoch nicht, dass eine detaillierte Kostenanalyse überflüssig ist. Beispielsweise können die zuzurechnenden Kosten für Arbeit und Kapital bei den diversen Produkten (Handelswaren) sehr unterschiedlich sein. Mittels Kostenanalyse sind diese Unterschiede zu berücksichtigen.

Handelsbetriebe

In der Praxis können Betriebe häufig nicht eindeutig der einen oder anderen Kategorie zugeordnet werden. Bei jedem einzelnen Betrieb ist gesondert zu entscheiden, welche der Verteilungsmethoden am besten geeignet ist, die Kosten verursachungsgerecht zu verteilen.

> **Kontroll-Check: Welche Produktionstypen können unterschieden werden?**
> 1. Nennen und erklären Sie die verschiedenen Produktionstypen.
> 2. Warum wird bei der Kostenverteilung nach Produktionstypen unterschieden?

Check ✓

Kostenverteilung für Betriebe mit homogener Massenproduktion

Bei Betrieben mit **homogener Massenproduktion** wird ein Produkt in einer fortlaufenden Serie hergestellt. Daher kann die Kostenverteilung mittels des Basismodells der Kostenstellenmethode durchgeführt werden. Batch- und produktinduzierte Kosten spielen in diesen Fällen keine Rolle. Alle Kosten können als mengeninduzierte Kosten betrachtet werden. Zudem kann das Basismodell der Kostenstellenmethode vereinfacht werden, weil eine Gliederung nach Produktgruppen entfällt.

Kostenverteilung bei homogener Massenproduktion

Die Kostenverteilung für Betriebe mit **homogener Massenproduktion** lässt sich schematisch wie folgt darstellen:

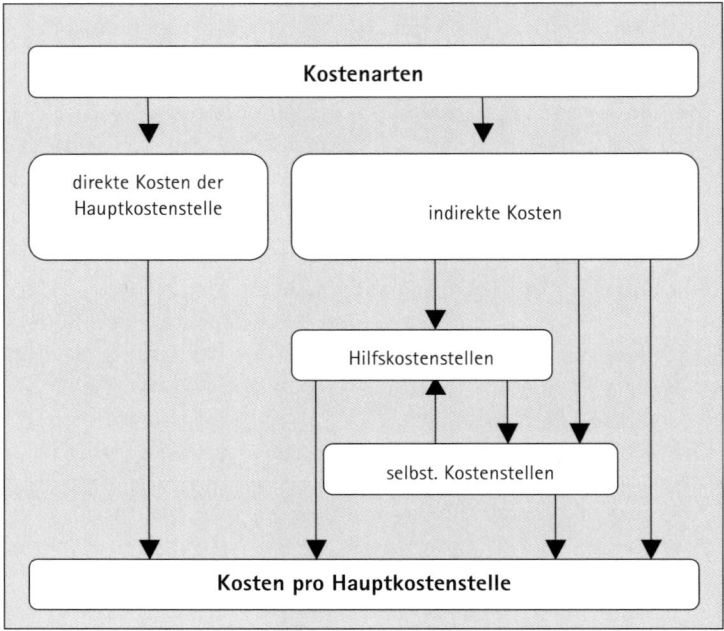

Abb. 11: Kostenverteilung bei homogener Massenproduktion

Letztendlich ermitteln Sie mithilfe der Kostenverteilung die Kosten pro Produkteinheit. Diese Information kann jedoch auch ohne Kostenverteilung ermittelt werden. Die Kosten je Produkteinheit sind nachkalkulatorisch einfach zu errechnen, indem die gesamten Kosten durch die Anzahl der hergestellten Endprodukte dividiert werden.

Training: Kostenverteilung bei homogener Massenproduktion

1. Führen Sie die Kostenverteilung auf Grundlage der unten dargestellten Daten durch.
2. Ermitteln Sie die indirekten Kosten pro Stück.

Ein Produktionsbetrieb stellt ausschließlich das Produkt X in Massen her. Im Jahr *n* werden 1.000 Einheiten von Produkt X hergestellt. In dem Unternehmen werden die folgenden Kostenstellen gebildet:

Hilfskostenstellen	Gebäude; Geschäftsführung
Selbstständige Kostenstellen	Verwaltung
Hauptkostenstellen	Produktion; Verkauf

Im Jahr *n* entstanden die folgenden Kosten in €:

Personalkosten Verwaltungspersonal	10.000
Personalkosten Produktionspersonal	25.000
Personalkosten Verkaufspersonal	15.000
Abschreibungskosten für Maschinen	10.000
Gebäudekosten (Miete, Instandhaltung, Gebäudeabschreibung)	20.000
Gesamtkosten	**80.000**

Es liegt folgende Flächenverteilung vor:

Verwaltung	50 qm
Produktion	400 qm
Verkauf	50 qm
Gesamtfläche	500 qm

Die Arbeitszeitverteilung des Verwaltungspersonals bezüglich der Kostenstellen stellt sich wie folgt dar:

für die Produktion	40 %
für den Verkauf	40 %
für Geschäftsführung	20 %

Lösung zum Training:
Zu Frage 1:

Mithilfe der gegebenen Daten kann die folgende Kostenverteilung durchgeführt werden:

Beträge in €	Gebäu-de	Verwal-tung	Gesch. führung	Produk-tion	Verkauf
Personalkosten		10.000		25.000	15.000
Abschreibung Maschinen				10.000	
Gebäudekosten	20.000				
Verteilung Gebäudekosten	./. 20.000	2.000		16.000	2.000
Verteilung Verwaltungskosten		./. 12.000	2.400	4.800	4.800
Verteilung Geschäftsfüh-rungskosten			./. 2.400	1.200	1.200
Gesamtkosten				57.000	23.000

Zur Verteilung der Kosten sind folgende Anmerkungen zu machen:

1. Die Verteilung der Gebäudekosten erfolgt im Verhältnis der von den Abteilungen genutzten Gebäudeflächen.

2. Die Verwaltungskosten werden auf Basis der verbrauchten Arbeitszeit der jeweiligen Abteilung verteilt.

3. Die Kosten für die Geschäftsführung werden als Kostenstellengemeinkosten auf die Hauptkostenstellen gleichmäßig verteilt.

4. Die Unterscheidung zwischen direkten und indirekten Kosten der Hauptkostenstellen wird bei der Kostenverteilung nicht explizit genannt. Jedoch ist diese Unterteilung der Kostenverteilung implizit. Die Personalkosten des Produktions- und Verkaufspersonals sind (vornehmlich) direkte Kosten der Hauptkostenstellen. Diese werden ohne vorherige Verteilung den betreffenden Hauptkostenstellen zugeordnet.

Zu Frage 2:

Die indirekten Kosten von Produkt X betragen pro Einheit:

	€	
Produktion	57	(57.000/1.000)
Verkauf	23	(23.000/1.000)
indirekte Kosten/Stück	80	

Die nachkalkulatorischen indirekten Kosten in Höhe von € 80 pro Produkteinheit könnten einfacher berechnet werden, indem die Gesamtkosten durch die Anzahl der Produkteinheiten geteilt werden (€ 80.000/1.000). Durch die Kostenverteilung wird jedoch die Kostenstruktur, namentlich der Ressourcenverbrauch durch die Hauptkostenstellen Produktion und Verkauf transparent gemacht.

Kostenverteilung für Betriebe mit heterogener Massenproduktion

Kostenvertei-
lung bei hete-
rogener Mas-
senproduktion

Bei dieser Gruppe von Betrieben müssen Sie das Basismodell der Kostenstellenmethode in mehrfacher Hinsicht modifizieren. Die zu bildenden Kostenstellen müssen Sie entsprechend den Prozessen weiter in mengen-, batch- und produktabhängige Kostenstellen gliedern. Bevor Sie die Gliederung der Kostenstellen durchführen, müssen Sie den Ablaufprozess der Produktion untersuchen. Mengen- und batchabhängige Kostenstellen können durch eine schematische Darstellung der Arbeitsabläufe analysiert werden. Die Identifizierung produktabhängiger Prozesse erfordert häufig mehr Arbeit. Die bisherigen Erfahrungen zeigen, dass in DIN/ISO 9000 ff. zertifizierte Betriebe die Arbeitsabläufe meist schon so gut dokumentiert haben. So kann eine Implementierung schneller durchgeführt werden als in nicht zertifizierten Betrieben.

Nachdem Sie die notwendigen Kostenstellen gebildet haben, verläuft die Verteilung der Kostenarten auf die Kostenstellen entsprechend des Basismodells. Hierbei wird erkennbar, ob die diversen Aktivitäten innerhalb des Produktionsprozesses ausreichend untergliedert wurden. Eindeutig muss beispielsweise sein, welcher Teil der Personalkosten und welcher Teil der Abschreibungskosten einer bestimmten Aktivität zugerechnet werden muss.

Die Kosten einer Hauptkostenstelle resultieren aus den direkten Kosten der Hauptkostenstelle und den auf diese Kostenstelle verteilten Kosten. Anschließend werden die Kosten der Hauptkostenstelle auf Basis von Verteilungsschlüsseln auf die Produktgruppen umgelegt. Die Verteilungsschlüssel orientieren sich an den diversen Produktionsaktivitäten: Kosten der mengenabhängigen Aktivitäten sind auf Basis der verbrauchten Mengen der Produktgruppe zuzuordnen, die Kosten der batchabhängigen Aktivitäten auf Basis der Anzahl der batches pro Produktgruppe und die Kosten der produktabhängigen Aktivitäten auf Basis der Einheiten, die die Produktabhängigkeit wiedergeben.

Übrigens kann es vorkommen, dass nicht nur Herstellkosten batch- und/oder produktabhängig sind. Kosten können beispielsweise anstatt von der Menge der verkauften Produkteinheiten von der Anzahl der Verkaufsaufträge abhängig sein. In solchen Fällen muss geprüft werden, ob eine weitere Untergliederung vorzunehmen ist. Eine tiefergehende Verteilung nach Aktivitäten sollte nur dann durchgeführt werden, wenn es sich um Kostenpositionen mit relativ großer Bedeutung handelt.

Die Kostenverteilung für Betriebe mit heterogener Massenproduktion kann schematisch wie folgt dargestellt werden:

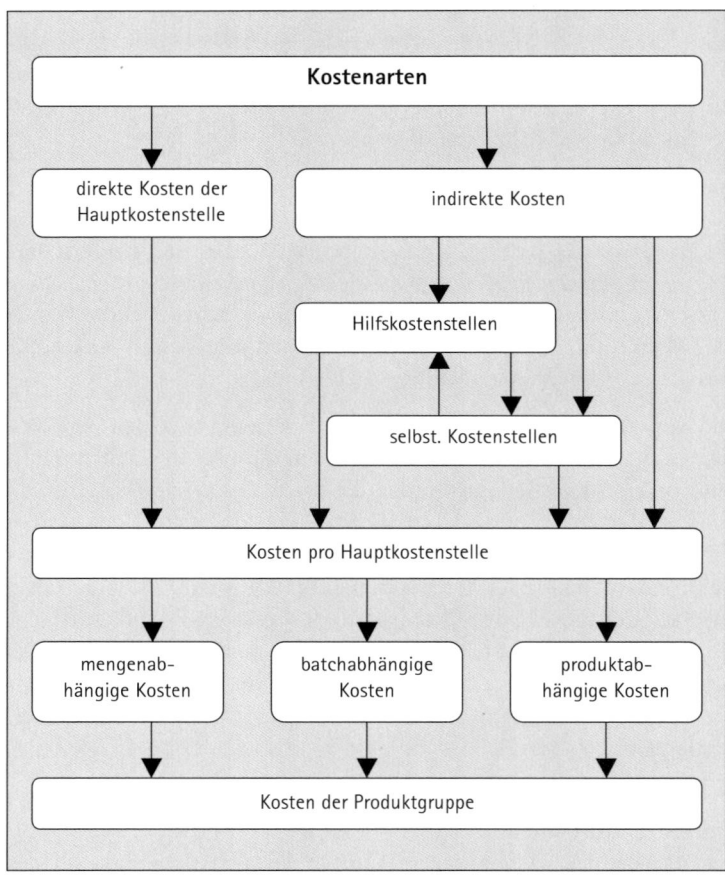

Abb. 12: Kostenverteilung bei heterogener Massenproduktion

Training: Kostenverteilung bei heterogener Massenproduktion

1. Führen Sie die Kostenverteilung auf Grundlage der unten dargestellten Daten durch.
2. Ermitteln Sie die Stückkosten der Produkte X und Y.

Ausgangslage: Ein Produktionsbetrieb stellt die heterogenen Massen-produkte X und Y her. Im Jahr *n* werden 400 Einheiten von Produkt X und 600 Einheiten von Produkt Y hergestellt.

In dem Unternehmen werden die folgenden Kostenstellen gebildet:

Hilfskostenstellen	Gebäude; Geschäftsführung
Selbstständige Kostenstellen	Verwaltung
Hauptkostenstellen	Produktion; Produktionsvorbereitung, Verkauf

Die Abteilung Produktion ist durch zwei Subaktivitäten gekennzeich-net: der Vorbereitung der zu produzierenden Serien und der tatsächli-chen Herstellung. Die Abteilung Produktion wird daher in zwei Haupt-kostenstellen geteilt, nämlich: Produktionsvorbereitung und Produktion.

Im Jahr *n* entstanden die folgenden Kosten in €:

Personalkosten Verwaltungspersonal	10.000
Personalkosten Produktionsvorbereitung	10.000
Personalkosten Produktionspersonal	15.000
Personalkosten Verkaufspersonal	15.000
Abschreibungskosten für Maschinen	10.000
Gebäudekosten	
(Miete, Instandhaltung, Gebäudeabschreibung)	20.000
Gesamtkosten	**80.000**

Es liegt folgende Flächenverteilung vor:

Verwaltung	50 qm
Produktionsvorbereitung	50 qm
Produktion	350 qm
Verkauf	50 qm
Gesamtfläche	**500 qm**

Die Arbeitszeitverteilung des Verwaltungspersonals bezüglich der ande-ren Kostenstellen stellt sich wie folgt dar:

für die Produktionsvorbereitung	10 %
für die Produktion	30 %
für den Verkauf	40 %
für Geschäftsführung	20 %

> Produktionsvorbereitung und Produktion haben im Jahr *n* für die Produkte X und Y folgende prozentuale Anteile an der jeweiligen Gesamtarbeitszeit verbraucht:
>
> | | Produkt X (400 Einh.) | Produkt Y (600 Einh.) | Gesamt |
> |---|---|---|---|
> | Produktionsvorbereitung | 20 % | 80 % | 100 % |
> | Produktion | 30 % | 70 % | 100 % |
>
> Im Verkauf ist die Arbeitszeit auf die Produkte X und Y hälftig verteilt.

Lösung zum Training:
Zu Frage 1:

Mithilfe der gegebenen Daten kann die folgende Kostenverteilung durchgeführt werden:

Beträge in €	Gebäude	Verwaltung	Gesch. führg.	Produktionsvor.	Produktion	Verkauf
Personalkosten		10.000		10.000	15.000	15.000
Abschreibung Maschinen					10.000	
Gebäudekosten	20.000					
Verteilung Gebäudekosten	./.20.000	2.000		2.000	14.000	2.000
Verteilung Verwaltungskosten		./.12.000	2.400	1.200	3.600	4.800
Vert. Geschäftsführungskosten			./. 2.400	300	900	1.200
Gesamtkosten				13.500	43.500	23.000

Zur Verteilung der Kosten sind folgende Anmerkungen zu machen:

1. Die Verteilung der Gebäudekosten erfolgt im Verhältnis der von den Kostenstellen genutzten Gebäudeflächen.

2. Die Kosten für die Geschäftsführung werden auf die Hauptkostenstellen im Verhältnis der Verwaltungskostenanteile für diese Kostenstellen verteilt. Diese Verteilung wurde hier gewählt, weil die Kosten der Geschäftsführung in unserem Beispiel aus-

schließlich durch die Kostenstelle Verwaltung verursacht werden. Welcher Verteilungsschlüssel für die Kosten der Geschäftsführung gewählt werden sollte, ist von Fall zu Fall zu bestimmen.

3. Die Verwaltungskosten wurden wie folgt auf die Kostenstellen verteilt (in €):

Produktionsvorbereitung	1.200	(10 % x 12.000)
Produktion	3.600	(30 % x 12.000)
Verkauf	4.800	(40 % x 12.000)
Geschäftsführung	2.400	(20 % x 12.000)
Verwaltungskosten	**12.000**	

4. Die Höhe der Zurechnung der Geschäftsführungskosten an die Kostenstelle Produktionsvorbereitung errechnet sich wie folgt: (1.200/9.600) x € 2.400 = € 300

5. Auf die gleiche Weise werden die Geschäftsführungskosten auf die übrigen Hauptkostenstellen verteilt.

Zu Frage 2:

Die Kosten für eine Produkteinheit X und eine Produkteinheit Y betragen in €:

	Produkt X		Produkt Y	
	€		€	
Produktionsvorb.	2.700	(20 % x 13.500)	10.800	(80 % x 13.500)
Produktion	13.050	(30 % x 43.500)	30.450	(70 % x 43.500)
Verkauf	9.200	(400/1.000 x 23.000)	13.800	(600/1.000 x23.000)
zuger. Kosten	24.950		55.050	
ind. Kosten/St.	62,38	(24.950/400)	91,75	(55.050/600)

Die durchgeführte Kostenverteilung erlaubt nicht nur Einsicht in die Kostenstruktur. Sie ermöglicht es ebenso, betriebliche Kostenverursacher ausfindig zu machen. Die gewonnenen Daten können Sie zu Elastizitätsanalysen nutzen, beispielsweise zur Prüfung der Kostenveränderungen bei Zunahme der Produktion von Produkt X und/oder Y. Daneben ist es auf Basis der Ergebnisse der Kostenverteilung für Sie möglich, die Gewinnbeiträge pro Produkt zu berechnen.

Kostenverteilung für Betriebe mit Stückproduktion

Kostenvertei-
lung bei Stück-
produktion

Für Betriebe mit **Stückproduktion** ist es strategisch gesehen nicht relevant, die Kosten pro Produkteinheit zu berechnen. Denn jede einzelne produzierte Einheit ist einmalig und individuelle Kostenvergleiche von verschiedenen Produkten sind nicht aussagekräftig. Jede Stückproduktion beinhaltet jedoch standardisierte Arbeitsvorgänge, die bei der Produktion eines jeden individuellen Produktes durchgeführt werden.

Für die strategische Kostenanalyse wird die Kostenermittlung der standardisierten Arbeitsvorgänge relevant. Das Basismodell müssen Sie hierzu wie folgt modifizieren: Die Hauptkostenstellen werden durch Kostenstellen für standardisierte Arbeitsvorgänge ersetzt. Dementsprechend werden die Kostenarten über Hilfskostenstellen und selbstständige Kostenstellen an die Kostenstellen für standardisierte Arbeitsvorgänge verteilt. Die Kosten pro Aktivität (= Tarif der Aktivität) können einfach errechnet werden. Hierfür wird die Gesamtsumme der Kosten, die einem standardisierten Arbeitsvorgang zugerechnet werden können, durch die Anzahl der durchgeführten Arbeitsvorgänge geteilt.

Auf strategischem Niveau können mithilfe der Kostenverteilung die Gewinnbeiträge von Produktgruppen berechnet werden. Weiter können die gewonnenen Daten zur Durchführung von Elastizitätsanalysen, beispielsweise bei Erhöhung einer bestimmten Aktivität, verwendet werden. Auf operativem Niveau kann auf Basis der ermittelten Kosten pro standardisiertem Arbeitsvorgang vorkalkuliert werden.

Die Kostenverteilung für Betriebe mit Stückproduktion wird in der folgenden Abbildung schematisch dargestellt:

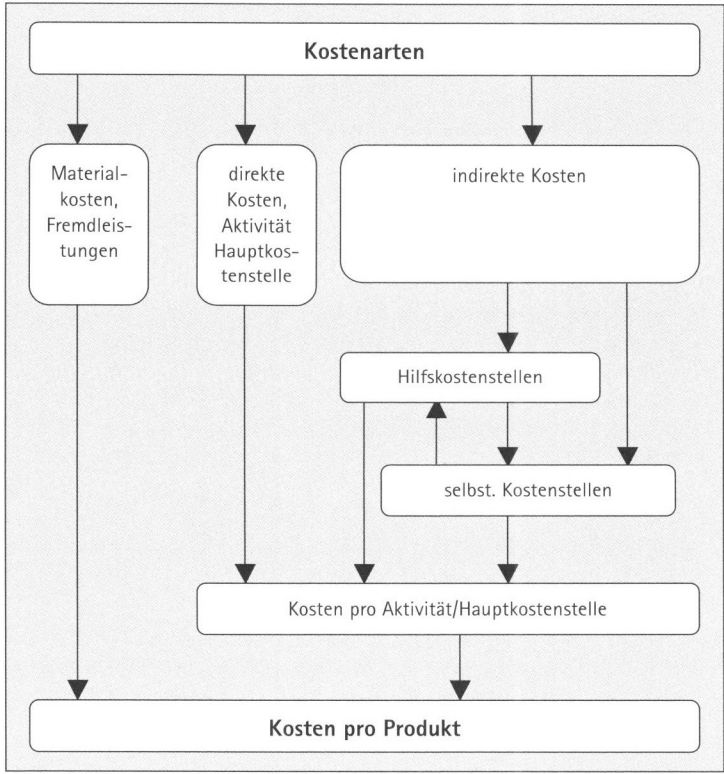

Abb. 13 Kostenverteilung bei Stückproduktion

Training: Kostenverteilung bei Stückproduktion

1. Führen Sie die Kostenverteilung auf Grundlage der unten dargestellten Daten durch und ermitteln Sie je die Kosten pro Stunde für Beratung und Programmierung.
2. Ermitteln Sie den Zuschlagssatz der Verkaufskosten bezogen auf die
   übrigen indirekten Kosten.

Ausgangslage: Ein Dienstleistungsbetrieb stellt individuelle Einzelpro-
dukte her. Das Unternehmen hat die folgenden Kostenstellen:

Hilfskostenstellen	Gebäude; Geschäftsführung
Selbst. Kostenstellen	Verwaltung
Hauptkostenstellen	Beratung, Programmierung, Verkauf

Jedes Produkt wird mit zwei Arbeitsvorgängen bearbeitet: beraten und programmieren.

Im Jahr n entstanden die folgenden Kosten (in €):

Personalkosten Verwaltungspersonal	10.000
Personalkosten Berater	10.000
Personalkosten Programmierer	15.000
Personalkosten Verkaufspersonal	15.000
Abschreibungskosten BGA für Beratung	5.000
Abschreibungskosten Geräte für Programmierung	5.000
Gebäudekosten	
(Miete, Instandhaltung, Gebäudeabschreibung)	20.000
indirekte Gesamtkosten	**80.000**

Es liegt folgende Flächenverteilung vor:

Verwaltung	50 qm
Beratung	50 qm
Programmierung	350 qm
Verkauf	50 qm
Gesamtfläche	**500 qm**

Die Arbeitszeitverteilung des Verwaltungspersonals stellt sich wie folgt dar:

für die Beratung und Programmierung	40 %
für den Verkauf	40 %
für Geschäftsführung	20 %

Die Verwaltung kann nicht angeben, welcher Teil der von ihr für die Leistungserstellung verausgabten Arbeitszeit für die Arbeitsvorgänge Beraten und Programmieren verwendet wurde.

Die für die Leistungserstellung im Jahr n tatsächlich verbrauchten Arbeitszeiten für Beratung und Programmierung stellen sich wie folgt dar:

Beratung	100 Std.
Programmierung	400 Std.
Gesamt	**500 Std.**

Lösung zum Training:
Zu Frage 1:

Mithilfe der gegebenen Daten kann die folgende Kostenverteilung durchgeführt werden:

Beträge in €	Geb.	Verwaltung	G.führung	Beratung	Programm.	Verkauf
Personalkosten		10.000		10.000	15.000	15.000
Abschreibung				5.000	5.000	
Gebäudekosten	20.000					
Verteilung Gebäudekosten	./.20.000	2.000		2.000	14.000	2.000
Verteilung Verwaltungskosten		./.12.000	2.400	960	3.840	4.800
Vert. Geschäftsführungskosten			./. 2.400	240	960	1.200
Gesamtkosten				13.500	43.500	23.000
Arbeitsstunden				100	400	
Kosten pro Std.				135,00	108,75	

Zur Verteilung der Kosten sind folgende Anmerkungen zu machen:

1. Von der Kostenstelle Verwaltung wurden der Beratung und Programmierung anteilig im Verhältnis der Arbeitszeitverteilung 4.800 € (40 % von € 12.000) zugerechnet. Bei der Kostenverteilung wurde der direkte Leistungserstellungsprozess in Beratung und Programmierung untergliedert. So konnten die Kosten pro standardisiertem Arbeitsvorgang berechnet werden.

    Es entsteht immer dann ein Problem der Kostenverteilung, wenn die Verwaltung nicht angeben kann, wie die für die direkte Leistungserstellung verwendete Arbeitszeit an die Arbeitsvorgänge weiter verteilt werden muss. Ein mehr oder weniger willkürlicher Verteilungsschlüssel wird dann notwendig. Im obigen Beispiel haben wir die Anzahl der Arbeitsstunden als Verteilungsschlüssel gewählt, weil angenommen werden kann, dass die Verwaltungskosten mit der Zunahme der zeitlichen Beanspruchung einer Aktivität steigen. Entsprechend wurden Beratung (100 Std./500 Std.) x 4.800 € = 960 € und Programmierung (400Std./500 Std.) x 4.800 € = 3.840 € als Verwaltungskosten zugerechnet.

2. Die Kosten für die Geschäftsführung wurden entsprechend der Berechnungsweise für Betriebe mit homogener Massenproduktion auf die Kostenstellen Beratung, Programmierung und Verkauf verteilt. Beratung bekommt auf diese Weise (960/9.600) x 2.400 € = 240 € zugerechnet, Programmierung (3.840/9.600) x 2.400 € = 960 € und Verkauf (4.800/9.600) x 2.400 €= 1.200 €.

3. Es ist innerhalb des Kostenverteilungssystems möglich, die Aktivitäten/Arbeitsvorgänge nach Mengen-, batch- und/oder Produktabhängigkeit zu unterscheiden. In unserem Beispiel wurde aus Übersichtlichkeitsgründen darauf verzichtet.

4. In unserem Beispiel ist die Verteilung der Verkaufskosten nach Arbeitsvorgängen nicht möglich, weil es sich hier um einmalige Produkte handelt. Die Verkaufskosten wurden mangels eines besseren Verteilungsschlüssels als Zuschlagssatz auf die übrigen Kosten den Produkten X und Y aufgeschlagen.

5. In unserem Beispiel sind wir von einmaligen Produkten ausgegangen, die nicht beziehungsweise nur schwer vergleichbar sind. Jedoch ist in der Praxis häufig festzustellen, dass die Leistungen von Betrieben mit Stückproduktion in Produktgruppen eingeteilt werden können. Die Verkaufskosten können dann den Produktgruppen angerechnet werden.

Zu Frage 2:

Der Zuschlagssatz für die Verkaufskosten, ausgedrückt in Prozent von den übrigen indirekten Kosten, beträgt:

40,3 % (23.000 / (13.500 + 43.500) x 100).

indirekte Produktkosten

Training: Wie werden die indirekten Produktkosten bei Stückproduktion ermittelt?
Ermitteln Sie die indirekten Kosten der Produkte X und Y aus der Trainingseinheit bei einer veränderten Arbeitszeitverteilung für Beratung und Programmierung.

Angenommen die hergestellten Produkte X und Y weisen folgende Arbeitszeitverteilung für Beratung und Programmierung auf:

	Beratung	Programmierung
Produkt X	40 Std.	100 Std.
Produkt Y	60 Std.	300 Std.

Lösung zum Training:

Die indirekten Kosten der Produkte X und Y (ohne Materialkosten und Fremdleistungen) betragen jeweils:

Produkt X: $[(40 \times 135{,}00\ €) + (100 \times 108{,}75\ €)] \times 1{,}403 = 22.834\ €$

Produkt Y: $[(60 \times 135{,}00\ €) + (300 \times 108{,}75\ €)] \times 1{,}403 = 57.137\ €$

Die dargestellte Kostenverteilung für Stückproduktion ist vor allem zur Vorkalkulation geeignet. Die nachkalkulatorische Analyse der Daten aus der Vergangenheit erbringt für Sie kaum sinnvolle Informationen, weil Sie zukünftig wahrscheinlich keine vergleichbaren Produkte herstellen werden. Sie sollten jedoch untersuchen, wie der eigene Betrieb im Vergleich zu anderen Betrieben bei seinen Kosten pro Stunde bei den diversen Arbeitsvorgängen „liegt".

Voraussetzung ist jedoch, dass die Vergleichsbetriebe die Kosten auf gleiche Art und Weise den Aktivitäten/Arbeitsvorgängen zurechnen. Weiter können Sie unter Verwendung von sog. Tarifen (z. B. Kosten für eine Aktivitätseinheit) Entscheidungsalternativen durchrechnen und/oder zur Beurteilung von strategischen Optionen „If-then"-Analysen erstellen.

Kostenverteilung für Handelsbetriebe

In Handelsbetrieben nimmt die Ermittlung der Gewinnbeiträge der eingekauften und ohne Be- und Verarbeitung verkauften Produkte eine zentrale Stelle ein. Die Kostenverteilung dient deshalb vornehmlich dem Ziel, die Gewinnbeiträge pro Produkt und Produktgruppe korrekt ermitteln zu können.

Kostenverteilung bei Handelsbetrieben

Dazu kann es notwendig sein, die Kosten auf Basis von Mengen-, batch- und/oder Produktabhängigkeit zu verteilen. Wenn Sie beispielsweise zwei Produkte verkaufen, wovon das eine Produkt in großer Menge und das andere Produkt in kleiner Menge verkauft wird, dann ist es sinnvoll, die Verkaufskosten auf Basis der batchabhängigen Variablen „durchschnittliche Auftragsgröße" zu verteilen. Der Kostenverteilungsstatus bei Handelsbetrieben ist mit dem von Betrieben mit heterogener Massenproduktion identisch. Die hierzu gemachten Anmerkungen gelten auch für Handelsbetriebe. Ein gesondertes Training ist daher nicht erforderlich.

Die Deckungsbeitragsrechnung

fixe und variable Kosten

Kosten wie Mieten, Abschreibungen und Gehälter sind nicht von der Produktionsmenge abhängig. Da diese Kosten gleich bleiben („fix"), nennt man sie in der Kostenrechnung folgerichtig fixe Kosten oder Fixkosten.

Die Kosten, die abhängig von der Produktionsmenge sind, verändern sich mit unterschiedlichen Produktionsmengen, sie sind also variabel, daher heißen sie in der Kostenrechnung auch variable Kosten.

Einstufige Deckungsbeitragsrechnung

einstufige Deckungsbeitragsrechnung

Die Teilkostenrechnung in Form der **einstufigen Deckungsbeitragsrechnung** versucht, Fehlentscheidungen und Fehldispositionen dadurch zu vermeiden, dass Fixkosten (die fast immer zugleich Gemeinkosten sind) nicht auf die Kostenträger verteilt werden.

Es wird ein anderer, einfacherer Weg gegangen. Die Fixkosten werden als Block behandelt. Der wird nicht weiter verteilt (proportionalisiert), sondern von allen Kostenträgern zusammen „gedeckt". Entsprechend heißen die Beiträge der Kostenträger zur Deckung der Fixkosten auch Deckungsbeiträge.

Nach der Kostenträgerstückrechnung auf Vollkostenbasis liefert bereits das erste abgesetzte Stück des Kostenträgers einen Gewinn, sofern der Verkaufspreis über den Stückkosten liegt. Folgerichtig wäre die Gewinnsumme umso größer, je mehr Stück verkauft werden – ohne dass aber ein Verlust entstehen kann.

Dies ist insoweit falsch, als bei geringer Menge entsprechend wenig Kosten (Fixkosten oft gleich Gemeinkosten) „verdient" werden. Mithilfe der Vollkostenrechnung lassen sich somit nicht die Menge beziehungsweise der Beschäftigungsgrad bestimmen, bei der die Kosten gerade gedeckt sind.

Bei der **einstufigen Deckungsbeitragsrechnung** bleiben die Fixkosten als Block bestehen. Der Mangel der Gemeinkostenzurechnung und weitere damit zusammenhängende Probleme werden dadurch vermieden, dass nur die problemlosen Einzelkosten den Kostenträgern direkt zugerechnet werden. Die Restkosten werden gesondert davon behandelt. Diesen Zusammenhang zeigt das nachfolgende Grundschema der einfachen Deckungsbeitragsrechnung.

einstufige Deckungsbeitragsrechnung

Erlöse

./. Teilkosten (Einzelkosten)

= Deckungsbeitrag (DB/db)

./. Restkosten (Fixkosten/Gemeinkosten)

= Betriebsergebnis (BE)

In Abhängigkeit davon, wie die Restkosten behandelt werden, lassen sich die ein- und mehrstufige Deckungsbeitragsrechnung unterscheiden.

Die einstufige Deckungsbeitragsrechnung ist geradezu genial einfach. Der Stückdeckungsbeitrag berechnet sich wie folgt:

Preis ./. variable Stückkosten = Deckungsbeitrag/Stück

Der Deckungsbeitrag je Kostenträger muss nun seinen Beitrag zur Deckung der Fixkosten leisten. Die Summe der Deckungsbeiträge je Produkt wird dabei als Deckungsbeitrag (DB) bezeichnet.

Die nachfolgende Abbildung veranschaulicht die Grundlage der Denkweise der Deckungsbeitragsrechnung.

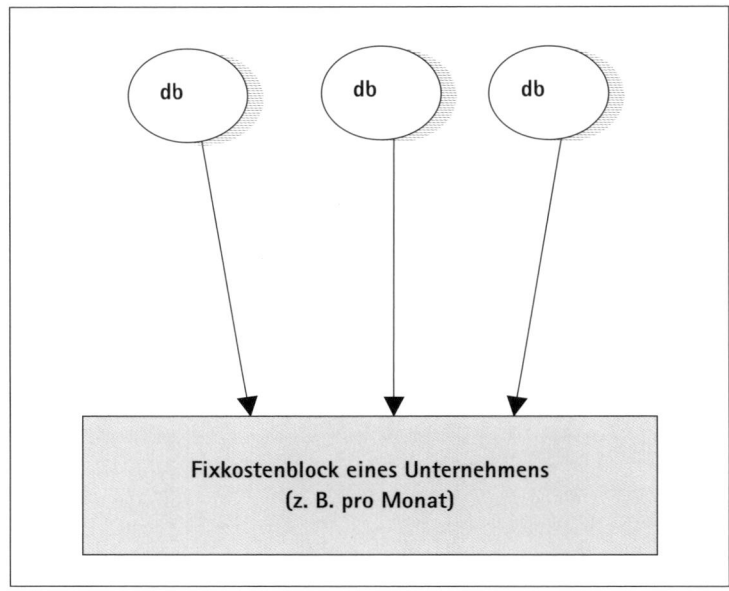

Abb. 14: Deckungsbeiträge der Produkte decken die Fixkosten

Ebenso einfach, wie Sie den Deckungsbeitrag eines Kostenträgers ermitteln können, können Sie auch das Betriebsergebnis (BE) berechnen. Die Formel dazu lautet:

$$BE = (p - kv)\, x - Kfix,$$

Die Abkürzungen bedeuten:

BE   =   Betriebsergebnis
p   =   Preis
kv   =   variable Stückkosten
x   =   Absatzmenge
Kfix =   Fixkostenblock

Ein Gewinn kann somit erst entstehen, wenn der Fixkostenblock durch Deckungsbeiträge gedeckt ist. Demnach können Sie in begründeten Fällen bei einzelnen Produkten auf Deckungsbeiträge verzichten, d. h. die variablen Stückkosten bilden für Sie stets die (kurzfristige) Preisuntergrenze.

Bei relativ niedrigen Preisen für Zusatzgeschäfte, die bei Unterbeschäftigung sinnvoll sein können, besteht jedoch die Gefahr, dass auch der Markt für die meist kostendeckenden Basisgeschäfte ruiniert wird. Vorübergehend können Sie auch auf die Deckung eines Teils oder aller nicht ausgabenwirksamen Kosten (z. B. kalkulatorische Abschreibung) verzichten.

Kontroll-Check: Deckungsbeitragsrechnung

Check

1. Welchen wesentlichen Vorteil hat die einstufige Deckungsbeitragsrechnung gegenüber der Vollkostenrechnung?
2. Wie werden die Fixkosten bei der einstufigen Deckungsbeitragsrechnung behandelt?
3. Was sagt der Begriff Deckungsbeitrag aus?
4. Wie wird das Betriebsergebnis bei der einstufigen Deckungsbeitragsrechnung ermittelt?

Training: Ermittlung des Stückdeckungsbeitrages

Ermitteln Sie die Stückdeckungsbeiträge der Produkte X und Y und Z auf Grundlage der unten angegebenen Daten.

Verkaufspreis:
Produkt X = 12,54 €, Produkt Y = 5,91 €, Produkt Z = 5,48 €

variable Stückkosten:
Produkt X = 7,00 €, Produkt Y = 4,40 €, Produkt Z = 3,60 €

Lösung zum Training:

Die Stückdeckungsbeiträge der Produkte X, Y und Z werden wie folgt errechnet:

	Produkt X	Produkt Y	Produkt Z
Verkaufspreis	12,54 €	5,91 €	5,48 €
./. variable Stückkosten:	7,00 €	4,40 €	3,60 €
= Stückdeckungsbeitrag/db	5,54 €	1,51 €	1,88 €

Training: Wie werden der Gesamtdeckungsbeitrag und das Betriebsergebnis ermittelt?

1. Ermitteln Sie den Gesamtdeckungsbeitrag der Produkte X, Y und Z sowie das Betriebsergebnis auf Grundlage der unten dargestellten Daten.

2. Beurteilen Sie die ermittelten Ergebnisse.

Folgende Absatzmengen wurden realisiert: Produkt X = 30.000, Produkt Y = 20.000 und Produkt Z = 35.000. Die Fixkosten beliefen sich auf 312.055 €.

Lösung zum Training:
Zu Frage 1:

Die Gesamtdeckungsbeiträge der Produkte X, Y und Z und das Betriebsergebnis werden wie folgt errechnet:

	Produkt X	Produkt Y	Produkt Z	
Stückpreis	12,54 €	5,91 €	5,48 €	
./. variable Stückkosten	7,00 €	4,40 €	3,60 €	
= Stückdeckungsbeitr.	5,54 €	1,51 €	1,88 €	
Absatzmenge	30.000	20.000	35.000	
Gesamt-DB je Produkt:	166.200 €	30.200 €	65.800 €	262.200 €
./. K(fix)				312.055 €
=Betriebsergebnis				./. 49.855 €

Zu Frage 2:

Das Betriebsergebnis zeigt ein negatives Ergebnis; es wurde ein Verlust in Höhe von 49.855 € erwirtschaftet. Zwar erreichen die einzelnen Kostenträger Stückdeckungsbeiträge von 5,54 €, 1,51 € und 1,88 €. Aber der Gesamtdeckungsbeitrag in Höhe von 262.200 € (166.200 € + 30.200 € + 65.800 €) ist nicht in der Lage, die Gemeinkosten (Fixkosten) zu decken.

Die Produktion und den Absatz ganz einzustellen, wäre in diesem Beispiel eine klassische Fehlentscheidung der Vollkostenrechnung. Das kann an einem einfachen Beispiel gezeigt werden. Eine Produktionseinstellung würde gar keine Deckungsbeiträge bedeuten. Keine Deckungsbeiträge zu den Fixkosten (Gemeinkosten wie Miete o. Ä.) bedeutet aber einen sicheren Verlust von mindestens 312.055 €. So gesehen, hat sich die Produktion unter Verlust-Minimierungs-Gesichtspunkten gelohnt. Ob sich die Aufrechterhaltung der Produktion unter Verlust-Minimierungs-Gesichtspunkten tatsächlich lohnt, bedarf einer gesonderten Analyse. In diese muss einbezogen werden, wie sich die Deckungsbeiträge voraussichtlich entwickeln. Auch die Abbauhemmnisse der fixen Kosten müssen berücksichtigt werden.

Training: Wie werden der Gesamtdeckungsbeitrag und der Deckungsbeitrag je Stunde ermittelt?

1. Ermitteln Sie den Gesamtdeckungsbeitrag sowie den Deckungsbeitrag je Stunde der Produkte X, Y und Z auf Grundlage der unten dargestellten Daten.
2. Beurteilen Sie die ermittelten Ergebnisse hinsichtlich der Förderwürdigkeit der Produkte.

	Gesamt	X	Y	Z
Umsatz	4.000.000	1.200.000	800.000	2.000.000
variable Kosten	2.500.000	700.000	600.000	1.200.000
Sondereinzelkosten	50.000		50.000	
Stunden	45.000	11.000	14.000	20.000

Lösung zum Training:
Zu Frage 1:

Die Gesamtdeckungsbeiträge sowie die Deckungsbeiträge je Stunde der Produkte X, Y und Z werden wie folgt errechnet:

	Gesamt	**X**	**Y**	**Z**
Umsatz	4.000.000	1.200.000	800.000	2.000.000
variable Kosten	2.500.000	700.000	600.000	1.200.000
Sondereinzelkosten	50.000		50.000	
Stunden	45.000	11.000	14.000	20.000
Gesamtdeckungsbeitrag	1.450.000	500.000	150.000	800.000
DB/Stunde	32,22	45,45	10,71	40,00

Zu Frage 2:

Mit der Deckungsbeitragsrechnung fällt die Antwort einfach aus: Es sind all jene Produkte bzw. Leistungen förderwürdig, die helfen, schnell die Gewinnzone zu erreichen. Als Entscheidungsregel bedeutet dies: Produkte beziehungsweise Leistungen werden nach der Höhe ihres Deckungsbeitrages ausgewählt. Das Produkt bzw. die Leistung mit dem höchsten absoluten Deckungsbeitrag ist am förderungswürdigsten, das mit dem zweitgrößten Deckungsbeitrag nimmt den zweiten Platz ein.

In Unternehmen mit Stückproduktion dient nicht der absolute Deckungsbeitrag eines Zeitraumes als Vergleichsmaßstab, sondern der Deckungsbeitrag je Stunde. Mithilfe der Information Deckungsbeitrag je Stunde werden die Bereiche in eine sinnvolle Reihenfolge gebracht. Der Bereich mit dem höchsten Deckungsbeitrag je Stunde nimmt in der Rangskala der Förderungswürdigkeit den ersten Platz ein.

Nun ist die Reihenfolge der Förderungswürdigkeit in unserem Beispiel im Sinne des Marketings offensichtlich. Der Produktbereich X ist der Kostenträger mit dem höchsten Deckungsbeitrag je Stunde in Höhe von 45,45 €. Er wird gefolgt von dem Produktbereich Z mit einem Deckungsbeitrag von 40,00 € je Stunde. Das Schlusslicht bildet der Produktbereich Y mit einem Deckungsbeitrag von 10,71 € je Stunde.

Der Produktbereich X ist in jeder Hinsicht zu fördern. Es ist alles zu tun, diesen Produktbereich auszubauen, weil er wegen des hohen absoluten Deckungsbeitrags je Stunde die „cashcow" ist.

Mehrstufige Deckungsbeitragsrechnung

mehrstufige
Deckungsbei-
tragsrechnung

Gegen die einstufige Deckungsbeitragsrechnung lässt sich vorbringen, dass sie die gesamten Fixkosten als Block behandelt. Dieses ist in manchen Fällen zu global, was dazu geführt hat, die Fixkosten aufzuspalten und stufenweise zu verrechnen, um so zu einer modifizierten Deckungsbeitragsrechnung zu gelangen.

Die folgende Abbildung veranschaulicht das Prinzip der mehrstufigen Deckungsbeitragsrechnung:

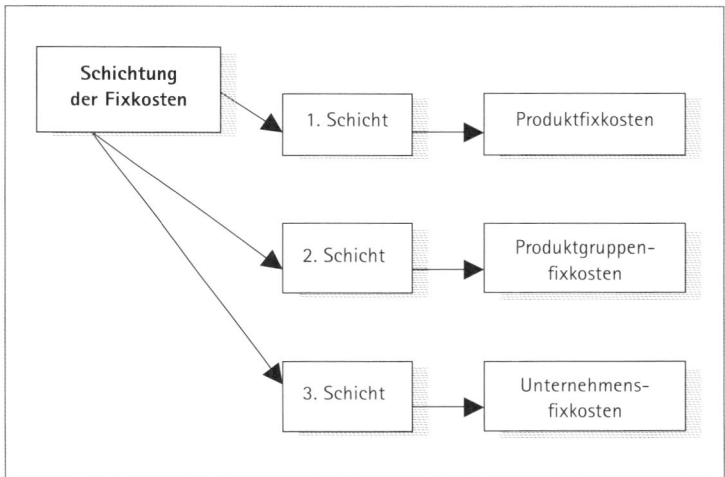

Abb. 15: Mehrstufige Deckungsbeitragsrechnung

Zunächst erscheint die Durchführung der mehrstufigen Deckungsbeitragsrechnung problemlos. Allerdings hat dieses Verfahren, in einem anderen Gewand, die gleichen Probleme zu bewältigen wie die Vollkostenrechnung: Auch hier müssen die Fixkosten mit Verteilungsschlüsseln den einzelnen Schichten zugerechnet werden.

Es stellt sich wie bei der Vollkostenrechnung die Frage, wie die Fixkosten (oft Gemeinkosten) zuzurechnen sind, und daher schon aus ihrer Wesensart heraus, dem einzelnen Produkt nicht oder nicht ohne Willkür zugerechnet werden können. Genau an diesem Punkt liegt in der Praxis das Problem, das mit den Instrumenten der Vollkostenrechnung zu lösen ist.

Training: Wie werden die Deckungsbeiträge I, II, III und das Betriebsergebnis ermittelt?

Ermitteln Sie die Deckungsbeiträge I, II und III sowie das Betriebsergebnis auf Grundlage der unten dargestellten Daten.

Produkt	X	Y	Z	Gesamt
Umsatz	800.000	600.000	700.000	2.100.000
./. variable Kosten	480.000	380.000	460.000	1.320.000
Deckungsbeitrag I				
./. erzeugnisfixe Kosten	40.000	20.000	30.000	90.000
Deckungsbeitrag II				
./. erzeugnisgruppen-fixe Kosten	290.000		0	290.000
Deckungsbeitrag III				
./. Unternehmensfixkosten				300.000
Betriebsergebnis				

Lösung zum Training:
Die Deckungsbeiträge I, II und III sowie das Betriebsergebnis werden wie folgt errechnet:

Produkt	X	Y	Z	Gesamt
Umsatz	800.000	600.000	700.000	2.100.000
./. variable Kosten	480.000	380.000	460.000	1.320.000
Deckungsbeitrag I	320.000	220.000	240.000	780.000
./. erzeugnisfixe Kosten	40.000	20.000	30.000	90.000
Deckungsbeitrag II	280.000	200.000	210.000	690.000
./. erzeugnisgruppenfixe Kosten	290.000		0	290.000
Deckungsbeitrag III	190.000		210.000	400.000
./. Unternehmensfixkosten				300.000
Betriebsergebnis				**100.000**

Zusammenfassung: Deckungsbeitragsrechnung	
1.	Die einstufige Deckungsbeitragsrechnung vermeidet Fehlentscheidungen dadurch, dass sie auf eine Verteilung der Fixkosten auf die Kostenträger verzichtet. Die Fixkosten werden als Block behandelt, der von allen Kostenträgern gedeckt werden muss.
2.	Der Stückdeckungsbeitrag wird ermittelt, indem von dem erzielten Preis eines Produktes die variablen Stückkosten subtrahiert werden. Die Summe der Deckungsbeiträge je Produkt sowie die Summe der Deckungsbeiträge aller Produkte wird als Deckungsbeitrag (DB) bezeichnet.
3.	Das Betriebsergebnis wird ermittelt, indem von dem Deckungsbeitrag der Fixkostenblock subtrahiert wird. Ein Gewinn kann demnach erst dann entstehen, wenn der Fixkostenblock durch Deckungsbeiträge gedeckt wird.
4.	Die kurzfristige Preisuntergrenze sind die variablen Stückkosten. In begründeten Einzelfällen kann auf die Realisierung von Deckungsbeiträgen verzichtet werden.
5.	Ein wichtiges Anwendungsgebiet der einstufigen Deckungsbeitragsrechnung ist die Prüfung der Förderwürdigkeit von Produkten. Die Entscheidungsregel lautet: Das Produkt mit dem höchsten absoluten Deckungsbeitrag ist am förderwürdigsten, das mit dem zweitgrößten Deckungsbeitrag nimmt den zweiten Platz ein. Entsprechend folgen die nachrangigen Produkte.
6.	Die mehrstufige Deckungsbeitragsrechnung spaltet die Fixkosten auf und verteilt diese stufenweise. Dabei treten ähnliche Probleme wie bei der Vollkostenrechnung auf.

3.4 Umsetzung der Kalkulationen in die Betriebspraxis

Da Zahlenwerke oftmals sehr abstrakt sind, werden in diesem Kapitel verschiedene Kalkulationen anhand anschaulicher Fallbeispiele trainiert. Im ersten Fallbeispiel wird eine Kalkulation für einen Handwerksbetrieb durchgeführt, die in ähnlicher Form auch für Dienstleistungsbetriebe und Industriebetriebe anwendbar ist. Anschließend wird mithilfe eines Fallbeispieles die Umsetzung prozess-orientierter Industriekalkulationen trainiert die in ähnlicher Form in allen indirekten Bereichen der verschiedenen Branchen angewendet werden können.

Fallbeispiel Kalkulationen eines Handwerkbetriebes

Bevor Handwerks- und Dienstleistungsbetriebe ihre Leistungen erstellen, führen sie Vor- bzw. Plankalkulationen durch. Diese Schritte sind wichtig. Denn: Plankalkulationen liefern Informationen für Preisverhandlungen, sie sind Basis für Angebotserstellungen und helfen dabei, über die Ablehnung oder Annahme von Aufträgen zu entscheiden.

Vorkalkulation

Vorkalkulation

Bei der Vorkalkulation werden vorausberechnete **Einzelkosten** und **Kalkulationszuschlagssätze** herangezogen. Eine einfache Form der Vorkalkulation ist in der untenstehenden Tabelle dargestellt. Sie kann auch als Grundlage für Entscheidungen getroffen werden und eignet sich insbesondere für die Auftragskalkulation.

Vorkalkulation

Training: Wie werden Aufträge vorkalkuliert?
1. Ermitteln Sie den Angebotspreis auf Grundlage der unten dargestellten Daten.
2. Ermitteln Sie die so genannte normale Preisuntergrenze und die absolute Preisuntergrenze, wenn die Planung einen Gewinn pro Std. in Höhe von 2,87 € und Fixkosten pro Stunde in Höhe von 4,98 € ausweist.
3. Beschreiben Sie den Ablauf der Vorkalkulation.
4. Begründen Sie, unter welcher Bedingung Sie die normale Preisuntergrenze als Angebotspreis anwenden würden.
5. Begründen Sie, unter welcher Bedingung Sie die absolute Preisuntergrenze als Angebotspreis anwenden würden.

Materialeinzelkosten (MEK inkl. Verschnitt)	2.000,00	
+ Materialgemeinkosten (MGK) in %	23,89 %	
Bearbeitungszeit in Std.	48,00	
Stundenverrechnungssatz in €	18,12	
+ Bearbeitungszeit x Stundenverrechnungssatz		
= Barangebotspreis (ohne USt.)		
+ angebotenes Skonto in %		3 %
= Angebotspreis (ohne USt.)		

Lösung zum Training:
Zu Frage 1:

Der Angebotspreis wird wie folgt errechnet:

Materialeinzelkosten (MEK inkl. Verschnitt)	2.000,00	2.000,00	
+ Materialgemeinkosten (MGK) in %	23,89 %	477,80	
Bearbeitungszeit in Std.	48,00		
Stundenverrechnungssatz in €	18,12		
+ Bearbeitungszeit x Stundenverrechnungssatz		869,76	
= Barangebotspreis (ohne USt.)			3.347,56
+ angebotenes Skonto in %	3 %	103,53	
= Angebotsreis (ohne USt.)			3.451,09

Zu Frage 2:

Der normale Preis und die absolute Preisuntergrenze werden wie folgt errechnet:

Materialeinzelkosten (MEK inkl. Verschnitt)	2.000,00	2.000,00	
+ Materialgemeinkosten (MGK) in %	23,89 %	477,80	
Bearbeitungszeit in Std.	48,00		
Stundenverrechnungssatz in €	18,12		
+ Bearbeitungszeit x Stundenverrechnungssatz		869,76	
= Barangebotspreis (ohne USt.)			3.347,56
+ angebotenes Skonto in %	3 %	103,53	
= Angebotsreis (ohne USt.)			3.451,09
Gewinn pro Stunde in €	2,87		
./. Gewinn/Std. x Bearbeitungszeit in Std.		137,76	
= normale Preisuntergrenze			3.313,33
fixe Kosten pro Std.	4,98		
./. fixe Kosten/Std. x Bearbeitungszeit in Std.		239,04	
= absolute Preisuntergrenze (ohne USt.)			3.074,29

Zu Frage 3:

Zunächst werden die Materialeinzelkosten für den Auftrag ermittelt. Auf die Materialeinzelkosten werden die Materialgemeinkosten in Form eines Zuschlagssatzes aufgeschlagen. Im nächsten Schritt wird die Bearbeitungszeit festgestellt, die mit dem errechneten Stundenverrechnungssatz multipliziert wird. Im Stundenverrechnungssatz sind die geplanten Gemeinkosten enthalten. Den Barangebotspreis ohne Umsatzsteuer erhält man, indem man Materialeinzelkosten, Materialgemeinkosten mit dem Produkt aus Bearbeitungszeit und Stundenverrechnungssatz addiert. Beinhalten die Zahlungsbedingungen des Unternehmens die Gewährung von Kundenskonti, muss das angebotene Skonto auf den Barangebotspreis aufgeschlagen werden. Der ermittelte Betrag ist der Angebotspreis, der zur Deckung der gesamten Kosten und der Erzielung des geplanten Gewinnes erforderlich ist.

Zu Frage 4:

Kann der normal kalkulierte Angebotspreis wegen des intensiven Preiswettbewerbs gegenüber dem Auftraggeber nicht durchgesetzt werden, kann der Angebotspreis um den geplanten Gewinn gekürzt werden. Die so genannte normale Preisuntergrenze deckt die gesamten geplanten Kosten für den kalkulierten Auftrag ab. Dieser Preis sollte nur dann angeboten werden, wenn ansonsten die aufgebauten Kapazitäten nicht ausgelastet werden können.

Zu Frage 5:

Wird der Angebotspreis zusätzlich um die Fixkosten reduziert, werden nur noch die betriebsbedingten (variablen) Kosten über diesen Preis gedeckt. Dieser Preis bildet die absolute Preisuntergrenze. Wird der Angebotspreis unter die absolute Preisuntergrenze gesenkt, verschlechtert sich das Betriebsergebnis durch die Annahme des Auftrages. Daher wird die absolute Preisuntergrenze auch als Kampfpreis bezeichnet. Dieser Preis bleibt nur Ausnahmefällen vorbehalten. Ein solcher Ausnahmefall könnte beispielsweise die Gewinnung eines lukrativen Neukunden sein.

Nachkalkulation

Die Nach- bzw. Ist-Kalkulationen von Aufträgen dienen der Erfolgs- kontrolle. Sie werden – wie der Name schon sagt – nachträglich durchgeführt. Bei der Nachkalkulation ermitteln Sie die tatsächlich angefallenen Kosten (Ist-Kosten) eines Auftrages und stellen diese den geplanten Kosten aus der Vorkalkulation gegenüber. Mit der Nachkalkulation werden also in einem Plan-/Ist-Vergleich die einge- tretenen Kosten mit den geplanten Kosten verglichen. Dies ermög- licht eine Kostenkontrolle der einzelnen Aufträge. Eine laufende Nachkalkulation bildet für Sie eine der Datengrundlagen für die Vor- bzw. Plankalkulation von Aufträgen.

Nachkalkulation

Training: Wie werden Aufträge nachkalkuliert?
1. Führen Sie die Nachkalkulation auf Grundlage der unten dargestell- ten Daten durch.
2. Beschreiben Sie den Ablauf der Nachkalkulation.

Erzielter Erlös (ohne USt.)		3.400,00
./. Skonto in %	3,00 %	
./. Material (MEK inkl. Verschnitt)	2.000,00	
./. Materialgemeinkosten in %	23,89 %	
= Lohnerlös		
Bearbeitungszeit in Std.	50,00	
= Lohnerlös pro Stunde		
./. Stundenverrechnungssatz (Vollk.)		
= Zusatzgewinn/-verlust pro Std.		
x Bearbeitungszeit in Std.		
= Zusatzgewinn/-verlust d. Auftr.		

Lösung zum Training:
Zu Frage 1:

Der Nachkalkulation eines Auftrages wird auf folgende Weise durchgeführt:

Erzielter Erlös (ohne USt.)			3.400,00
./. Skonto in %	3,00 %	102,00	3.298,00
./. Material (MEK inkl. Verschnitt)	2.000,00	2.000,00	1.298,00
./. Materialgemeinkosten in %	23,89 %	477,80	820,20
= Lohnerlös			820,20
Bearbeitungszeit in Std.	50,00		
= Lohnerlös pro Stunde			16,40
./. Stundenverrechnungssatz (Vollk.)			15,25
= Zusatzgewinn/-verlust pro Std.			1,15
x Bearbeitungszeit in Std.			57,70
= Zusatzgewinn/-verlust d. Auftrags			57,70

Zu Frage 2:

Zunächst wird der erzielte Erlös erfasst. Bei Inanspruchnahme von Skonto durch den Auftraggeber wird der erzielte Erlös entsprechend der Skonto-Inanspruchnahme vermindert. Von dem bereinigten Erlös werden die Materialeinzelkosten und die Materialgemeinkosten subtrahiert. Das Ergebnis ist der Lohnerlös aus dem nachkalkulierten Auftrag. Danach wird der Lohnerlös pro Stunde ermittelt, indem der Lohnerlös durch die Bearbeitungszeit in Stunden dividiert wird.

An dieser Stelle ist es sinnvoll, den geplanten Stundenverrechnungssatz mit dem erreichten Stundenverrechnungssatz zu vergleichen. Im dargestellten Beispiel ist der erzielte Lohnerlös pro Stunde mit 16,40 € niedriger als der geplante Stundenverrechnungssatz in Höhe von 18,12 €. Beim Vergleich der Nachkalkulation mit der Vorkalkulation wird erkennbar, dass die tatsächliche Bearbeitungszeit höher gewesen ist als ursprünglich veranschlagt.

Im nächsten Schritt wird vom Lohnerlös pro Stunde der Stundenverrechnungssatz auf Vollkostenbasis subtrahiert. In diesem Verrechnungssatz sind entsprechend alle Kosten enthalten. Das Ergebnis wird in Gewinn bzw. Verlust pro Stunde sichtbar. Im vorliegendem Fall ist ein Gewinn in Höhe von 1,15 € pro Stunde realisiert worden. Der Gewinn bei diesem Auftrag liegt deutlich unter dem geplanten Gewinn von 2,87 €. Der tatsächlich erzielte Gewinn bzw. Verlust pro Stunde ist mit der tatsächlichen Bearbeitungszeit zu multiplizieren. Das Ergebnis ist der Gesamtgewinn bzw. Gesamtverlust des Auftrages. Beim Vergleich der Vor- mit der Nachkalkulation wird deutlich: Bei diesem Auftrag weicht der erzielte vom geplanten Gewinn ab, weil die Bearbeitungszeit überschritten wurde.

Als Maßstab zur Beurteilung der durchgeführten Aufträge eignet sich die Kennziffer Gewinn bzw. Verlust je Stunde. Mithilfe dieser Kennziffer können die Gewinn bzw. Verlust bringenden Aufträge unschwer erkannt werden.

Zuschlagskalkulation

Die **Zuschlagskalkulation** wird überwiegend im produzierenden, gewerblichen Bereich angewendet. Herkömmliche Anwendungsbereiche der Zuschlagskalkulation sind Produktionsbetriebe mit sehr heterogenem Produktionsprogramm – also Unternehmen mit Sorten- und Einzelfertigung. Handwerksbetriebe erbringen ihre Leistungen oftmals in Einzel- und/oder Sortenfertigung. Die Zuschlagskalkulation kann auch problemlos in Dienstleistungsbetrieben angewendet werden.

Zuschlagskalkulation

Bei der **Zuschlagskalkulation** werden die Gesamtkosten des Betriebes in **Kostenträgereinzelkosten** und **Kostenträgergemeinkosten** getrennt. Kostenträgereinzelkosten können den Absatzobjekten (Kostenträgern) direkt zugerechnet werden. Alle übrigen Kosten, die den Absatzobjekten nicht direkt zugerechnet werden können oder aus Gründen der Wirtschaftlichkeit nicht sollen, sind Kostenträgergemeinkosten (etwa Verwaltungskosten).

Kostenträgereinzelkosten und Kostenträgergemeinkosten

Bei der Zuschlagskalkulation werden zunächst die Kostenträgereinzelkosten der Absatzobjekte (z. B. Materialeinsatz) ermittelt. Auf die Kostenträgereinzelkosten werden dann prozentuale Zuschläge für die Kostenträgergemeinkosten und den Gewinn aufgeschlagen.

Nach der Art und Feinheit der Gemeinkostenzuschläge werden verschiedenste Formen der Zuschlagskalkulation unterschieden. Im Folgenden werden zwei für Industrie-, Handwerks- und auch Dienstleistungsbetriebe bedeutsame Hauptgruppen trainiert – die **einfache** und die **differenzierte Zuschlagskalkulation**.

Check ✓

> **Kontroll-Check: Was ist eine Zuschlagskalkulation?**
> 1. Was wird unter Kostenträgereinzelkosten und Kostenträgergemein-
>   kosten verstanden?
> 2. Was wird unter einer Zuschlagskalkulation verstanden?

Einfache Zuschlagskalkulation

einfache Zu-
schlagskalkula-
tion

Bei der einfachen Zuschlagskalkulation werden die Gemeinkosten eines Betriebes durch gleiche Gemeinkostenzuschläge auf alle Produkte verrechnet. Das heißt: Die Gemeinkostenzuschlagssätze werden nicht nach Produkten differenziert. Die Gemeinkostenzuschläge ermitteln Sie, indem Sie die Gemeinkosten auf bestimmte Einzelkosten beziehen. Die Zuschlagsgrundlage für die Verrechnung der Gemeinkosten sollten Einzelkostenarten sein, die die Gemeinkostenentwicklung hauptsächlich beeinflussen. In einem Handwerksbetrieb sind das die Materialeinzelkosten und die Lohneinzelkosten. Mithilfe dieser Zuschlagsgrundlagen lassen sich die Material- und Fertigungsgemeinkosten weitgehend verursachungsgerecht den Absatzobjekten zurechnen. Anders ist es bei den Verwaltungs- und Vertriebsgemeinkosten. Hier lässt sich keine annähernd verursachungsgerechte Zuschlagsgrundlage finden. In der Praxis werden als Zuschlagsgrundlage für die Kostenrechnung die Herstellkosten herangezogen.

> **Training: Wie werden die Herstellkosten, Selbstkosten und der Angebotspreis mithilfe der einfachen Zuschlagskalkulation ermittelt?**
> Ermitteln Sie die Herstellkosten, Selbstkosten und den Angebotspreis auf Grundlage der unten dargestellten Daten.
>
> | | | | |
> |---|---|---:|---:|
> | | Materialeinzelkosten (MEK) | 2.000,00 | |
> | + | Materialgemeinkosten (MGK) | 23,89 % | |
> | + | Fertigungseinzelkosten (FEK) | 4.000,00 | |
> | + | Fertigungsgemeinkosten (FGK) | 153 % | |
> | = | **Herstellkosten (HK)** | | |
> | + | Verw.- und Vertriebsg. (VVGK) | | 10,00% |
> | + | Sondereinzelk. des Vertriebs (SEKV) | | 500,00˙ |
> | = | **Selbstkosten (SK)** | | |
> | + | Gewinn | | 2.000,00 |
> | = | **Angebotspreis** | | |

Lösung zum Training:

Die Herstellkosten, Selbstkosten und der Angebotspreis werden wie folgt ermittelt:

	Materialeinzelkosten (MEK)	2.000,00	2.000,00
+	Materialgemeinkosten (MGK) in %	23,89 %	477,80
+	Fertigungseinzelkosten (FEK)	4.000,00	4.000,00
+	Fertigungsgemeinkosten (FGK) in %	153 %	6.115,60
=	**Herstellkosten (HK)**	12.593,40	**12.593,40**
+	Verw.- und Vertriebsg. (VVGK) in %	10,00 %	1.259,34
+	Sondereinzelk. des Vertriebs (SEKV)	500,00	500,00
=	**Selbstkosten (SK)**		**14.352,74**
+	Gewinn		2.000,00
=	**Angebotspreis**		**16.352,74**

Differenzierte Zuschlagskalkulation

Die differenzierte Zuschlagskalkulation unterscheidet sich von der einfachen Zuschlagskalkulation durch die detailliertere Kostenstellenrechnung. Einer Leistung, die verschiedene Unternehmensbereiche beansprucht, wird in jeder Stufe der Inanspruchnahme einer Kostenstellenleistung ein anteiliger Verrechnungssatz zugerechnet – zur Abdeckung der Gemeinkosten. Kommt eine Leistung in bestimmten Betriebsbereichen gar nicht vor, wird sie auch nicht zur anteiligen Verrechnung der Gemeinkosten dieser Kostenstellen herangezogen.

differenzierte Zuschlagskalkulation

Gemeinkostenzuschlagssätze gelten nur für einen bestimmten Beschäftigungsgrad (Leistungsmenge/Auslastungsgrad). Ändert sich der Beschäftigungsgrad, müssen alle Zuschlagssätze dem neuen Beschäftigungsgrad angepasst werden, da sich die Gemeinkosten nicht proportional zur Beschäftigung ändern. In Unternehmensbereichen wie etwa in der Verwaltung und im Vertrieb gibt es keine verursachungsgerechte Bezugsgrößen für die Gemeinkosten.

Training: Wie wird der Netto-Kalkulationspreis (Selbstkosten) mithilfe der differenzierten Zuschlagskalkulation ermittelt?

Ermitteln Sie den Netto-Kalkulationspreis (Selbstkosten) auf Grundlage der unten dargestellten Daten.

Materialeinzelkosten (MEK)			2.000,00
+ Materialgemeinkosten (MGK)		23,89 %	
+ Fremdleistungen			300,00
+ Fremdleistungen-Gemeinkosten		11,26 %	

	Std.	€/Std.	
+ Fertigungslohn Werkstatt	10,00	11,00	
+ Gemeinkosten Werkstatt		152,89 %	
+ Fertigungslohn Montage	5,00	12,00	
+ Gemeinkosten Montage		151,00 %	
+ Sondereinzelkosten der Fertigung			20,00
+ Sondereinzelkosten des Vertriebs			50,00
= **Netto-Kalkulationspreis (Selbstkosten)**			

Lösung zum Training:
Der Netto-Kalkulationspreis (Selbstkosten) wird wie folgt ermittelt:

Materialeinzelkosten (MEK)			2.000,00
+ Materialgemeinkosten (MGK)		23,89 %	477,80
+ Fremdleistungen			300,00
+ Fremdleistungen-Gemeinkosten		11,26 %	33,78

	Std.	€/Std.	
+ Fertigungslohn Werkstatt	10,00	11,00	110,00
+ Gemeinkosten Werkstatt		152,89 %	168,18
+ Fertigungslohn Montage	5,00	12,00	60,00
+ Gemeinkosten Montage		151,00 %	90,60
+ Sondereinzelkosten der Fertigung			20,00
+ Sondereinzelkosten des Vertriebs			50,00
= **Netto-Kalkulationspreis (Selbstkosten)**			**3.310,36**

Kalkulation von Teilkosten-Stundensätzen

Teilkosten-
Stundensatz

Die gegenüber den Auftraggebern zu kalkulierenden **Stundensätze** auf Teilkostenbasis beinhalten zum einen den Deckungsbeitrag. Mit diesem können die von Aufträgen unabhängigen ausgabenwirksamen fixen Kosten finanziert und die ausgabenunwirksamen fixen Kosten abgedeckt werden. Zum anderen soll der Deckungsbeitrag einen angemessenen Gewinn ermöglichen. Der zu kalkulierende Stundensatz muss des Weiteren die variablen Plankosten pro Stunde beinhalten.

Die Höhe des Deckungsbeitrages hängt vor allem davon ab, wie viele Stunden im Berechnungszeitraum zur Deckung der gesamten Fixkosten verrechnet werden können. Welcher Deckungsbeitrag pro Stunde angesetzt werden kann, richtet sich somit nach dem Auslastungsgrad der verfügbaren Gesamtkapazität.

Training: Wie wird der Teilkosten-Stundensatz ermittelt?

1. Ermitteln Sie den Deckungsbeitrag pro Stunde auf Grundlage der unten dargestellten Daten.
2. Beschreiben Sie den Ablauf der Arbeiten zur Ermittlung des Teilkosten-Stundensatzes.

Kapazität in Stunden:	25.775,00			
- Verrechnungssatz Vollkräfte			22,76	
Zuschlagssätze in % auf:				
- Fertigungsmaterial		23,89 %		
- Handelswaren		59,91 %		
- Fremdleistungen		11,26 %		
Festgelegte Verrechnungen:				
Verrechnung Azubi				
Anzahl Azubi-Stunden	677,00			
Verrechnungspreis Azubi/Std.	12,00			
Verrechnungspreis Azubi ges.				
Verrechnung Kfz-Kosten				
Anzahl km	25.000,00			
Verrechnungspreis €/km	0,60			
Verrechnungspreis Kfz-Kosten gesamt				
Fertigungslohn (Mittellohn)			12,00	
+ übrige variable Kosten			4,42	
= Grenzkosten = äußerster Kampfpreis				
+ ausgabenwirksame Fixkosten*			2,60	
= Deckungskosten 1				
+ nicht ausgabenwirksame Fixkosten**			1,63	
= Deckungskosten 2				
+ betriebswirtschaftlicher Gewinn			2,11	
= Vollkosten/Std.				100,00 %
- variable Kosten/Std.				
= Deckungsbeitrag/Std.				

* ohne Zuschläge, Verrechnungen, Abschreibungen und kalk. Zinsen
** Abschreibungen und kalk. Zinsen

Lösung zum Training:
Zu Frage 1:

Der Deckungsbeitrag je Stunde wird wie folgt ermittelt:

Kapazität in Stunden:	25.775,00			
- Verrechnungssatz Vollkräfte		22,76		
Zuschlagssätze in % auf:				
- Fertigungsmaterial	23,89 %			
- Handelswaren	59,91 %			
- Fremdleistungen	11,26 %			
Festgelegte Verrechnungen:				
Verrechnung Azubi				
Anzahl Azubi-Stunden	677,00			
Verrechnungspreis Azubi/Std.	12,00			
Verrechnungspreis Azubi ges.		8.124,00		
Verrechnung Kfz-Kosten				
Anzahl km	25.000,00			
Verrechnungspreis €/km	0,60			
Verrechnungspreis Kfz-Kosten gesamt		15.000,00		
Fertigungslohn (Mittellohn)			12,00	52,72 %
+ übrige variable Kosten			4,42	19,42 %
= Grenzkosten = äußerster Kampfpreis			16,42	72,14 %
+ ausgabenwirksame Fixkosten*			2,60	11,42 %
= Deckungskosten 1			19,02	83,57 %
+ nicht ausgabenwirksame Fixkosten**			1,63	7,16 %
= Deckungskosten 2			20,65	90,73 %
+ betriebswirtschaftlicher Gewinn			2,11	9,27 %
= Vollkosten/Std.			22,76	100,00 %
- variable Kosten/Std.			16,42	72,14 %
= Deckungsbeitrag/Std.			6,34	27,86 %

* ohne Zuschläge, Verrechnungen, Abschreibungen und kalk. Zinsen
** Abschreibungen und kalk. Zinsen

Zu Frage 2:

Ausgangspunkt zur Ermittlung des Teilkosten-Stundensatzes ist die Berechnung der verrechenbaren Stunden. Zunächst wird zwischen den verfügbaren produktiven Stunden und den verrechenbaren Stunden unterschieden. Während die produktiven Stunden die

Summe aller im Betrieb geleisteten Arbeitsstunden bezeichnen, beschreiben verrechenbare Stunden ausschließlich jene Stunden, die direkt einem Auftrag zugeordnet und somit den jeweiligen Auftraggebern in Rechnung gestellt werden können. Bei der Berechnung der verrechenbaren Stunden müssen zwei Dinge berücksichtigt werden.

1. Nicht alle Mitarbeiter sind in der Auftragsbearbeitung eingesetzt.

2. Die in der Auftragsbearbeitung tätigen Mitarbeiter verbringen einen Teil der Anwesenheitszeit mit „unproduktiven" Arbeiten wie etwa der Auftragsvorbereitung oder dem notwendigen Säubern des Arbeitsplatzes.

Im nächsten Schritt müssen die ermittelten Zuschlagssätze für Fertigungsmaterial, Handelswaren und Fremdleistungen in die abgedruckte Berechnungstabelle übernommen werden. Die Aufnahme dieser Zuschlagssätze in die Berechnungstabelle dient lediglich der Übersichtlichkeit, da sie bei der Ermittlung des Teilkosten-Stundensatzes nicht berücksichtigt werden, sondern lediglich bei der Kalkulation von Aufträgen. Zudem sind die gesondert zu verrechnenden Kosten (z. B. Fahrzeugkosten) herauszufinden. Um eine mehrfache Verrechnung zu vermeiden, müssen diese Kosten aus den übrigen Kosten herausgerechnet werden.

Nach diesen Vorarbeiten beginnt die eigentliche Berechnung des Teilkosten-Stundensatzes. Dem Mittellohn der „produktiv" Beschäftigten werden die übrigen variablen Kosten hinzugezählt. Das Ergebnis sind die variablen Kosten (Grenzkosten) pro verrechenbarer Stunde. Diese Kosten pro verrechenbarer Stunde müssen mindestens über den Stundenverrechnungssatz gedeckt werden – ansonsten verschlechtert sich das Betriebsergebnis mit der Annahme eines derartigen Auftrags. Daher werden die Grenzkosten (zusätzliche Kosten) auch als äußerste Preisuntergrenze betrachtet, die nur in wenigen Ausnahmefällen zur Anwendung kommen sollte.

Im nächsten Schritt werden die ausgabenwirksamen Fixkosten wie etwa Miete, Personalkosten der kaufmännischen Mitarbeiter und Zinsen den so genannten Grenzkosten pro Stunde hinzugerechnet. Dieser Stundenverrechnungssatz deckt alle ausgabenwirksamen

Kosten (Deckungskosten 1) ab. Mit diesem Stundenverrechnungssatz verbessert oder verschlechtert das Unternehmen seine Liquidität nicht. Alle betriebsbedingten Ausgaben werden über diesen Stundenverrechnungssatz finanziert.

Für ein Unternehmen ist es betriebswirtschaftlich nicht ausreichend, lediglich die Deckungskosten 1 über den verrechenbaren Stundensatz zu realisieren. Mit diesem Stundensatz würde das Unternehmen ein negatives betriebswirtschaftliches Ergebnis erzielen. Schließlich müssen auch die nicht ausgabenwirksamen Fixkosten wie etwa Abschreibungen und die kalkulatorischen Zinsen erwirtschaftet werden, damit das Unternehmen langfristig überleben kann. Werden die nicht ausgabenwirksamen Fixkosten den Deckungskosten 1 hinzugerechnet, ergeben sich die Deckungskosten 2. Ein Stundensatz in Höhe der Deckungskosten 2 deckt alle Kosten des Unternehmens ab – das heißt: Es entsteht weder ein betriebswirtschaftlicher Gewinn noch ein Verlust.

Will ein Unternehmen mittel- bis langfristig überleben, ist auf die Deckungskosten 2 ein angemessener Gewinn aufzuschlagen. Erst dann reicht der verrechenbare Stundensatz, das Unternehmen langfristig erfolgreich zu führen. Werden von diesem Verrechnungssatz die variablen Kosten/Std. subtrahiert, ergibt sich der Deckungsbeitrag pro Stunde.

Kalkulation von Maschinen- bzw. Geräte-Stundensätzen

Maschinen-
Stundensatz

Bei einer Rechnung mit Maschinenstundensätzen werden die Maschinenkosten in fixe und variable Bestandteile gespalten. Kosten, deren Höhe von Maschinenlaufzeiten abhängen, sind variable Maschinenkosten. Die Maschinenkosten, die unabhängig von der Laufzeit der Maschine entstehen, sind fixe Maschinenkosten.

Durch Division der gesamten Maschinenkosten durch die Laufzeit der Maschine in Stunden wird der Vollkosten-Stundensatz ermittelt. Dieser Satz wird bei der Produktkalkulation auf Vollkostenbasis verwendet. So können die gesamten Maschinenkosten festgestellt und dem Produkt zugeschrieben werden, die während der Verweildauer des Produktes „in der Maschine" angefallen sind.

Die variablen Maschinenkosten pro Stunde können errechnet werden, indem die variablen Maschinenkosten durch die Laufzeit der Maschine dividiert werden. Dieser Maschinen-Stundensatz entspricht den Grenzkosten.

Training: Wie wird der Maschinen-Stundensatz ermittelt?

1. Ermitteln Sie den Maschinen-Stundensatz auf Grundlage der unten dargestellten Daten.
2. Beschreiben Sie den Ablauf der Arbeiten zur Ermittlung des Maschinen-Stundensatzes.

lfd. Nr.	Bezeichnung der Maschine: Kostenarten	Gesamtk.	fixe Kosten in %	fixe Kosten in €	variable Kosten in %	variable Kosten in €
1	Anschaffungswert	60.000,00				
2	Preisindex in %	40,00 %				
3	Wiederbeschaffungswert					
4	Restwert	4.000,00				
5	betriebl. Nutzungsd. in J.	10,00				
6	kalk. Abschreibungen					
7	kalkulatorische Zinsen:					
8	Zinssatz in %	8,00 %				
9	kalkul. Zinsen in €					
10	Energiekosten in €	1.500,00				
11	Instandh. u. Werkzeugk.	2.200,00	50,00		50,00	
12	Raumkosten	1.440,00				
13	sonstige Kosten	800,00	50,00		50,00	
14	Gesamt	16.340,00				
15	Maschinenstunden/Jahr	500,00				
16	Maschinenstundensatz					

Lösung zum Training:
Zu Frage 1:

Wie der Maschinen-Stundensatz ermittelt wird, sehen Sie auf der folgenden Seite:

Bezeichnung der Maschine:						
lfd. Nr.	Kostenarten	Gesamtk.	fixe Kosten in %	fixe Kosten in €	variable Kosten in %	variable Kosten in €
1	Anschaffungswert	60.000,00				
2	Preisindex in %	40,00 %				
3	Wiederbeschaffungswert	84.000,00				
4	Restwert	4.000,00				
5	betriebl. Nutzungsd. in J.	10,00				
6	kalk. Abschreibungen	8.000,00		8.000,00		
7	kalkulatorische Zinsen:					
8	Zinssatz in %	8,00 %				
9	kalkul. Zinsen in €	2.400,00		2.400,00		
10	Energiekosten in €	1.500,00				1.500,00
11	Instandh. u. Werkzeugk.	2.200,00	50,00	1.100,00	50,00	1.100,00
12	Raumkosten	1.440,00		1.440,00		
13	sonstige Kosten	800,00	50,00	400,00	50,00	400,00
14	Gesamt	16.340,00		13.340,00		3.000,00
15	Maschinenstunden/Jahr	500,00				
16	Maschinenstundensatz	32,68		26,68		6,00

Zu Frage 2:

Ausgangspunkt der Berechnung des Maschinen-Stundensatzes ist der Anschaffungswert der Maschine. Da die Maschine nach Ablauf der betriebsgewöhnlichen Nutzungsdauer wieder beschafft werden müsste, muss der Wiederbeschaffungswert für die weiteren Berechnungen angesetzt werden. So kann ein Substanzverlust vermieden werden. Vom Wiederbeschaffungswert wird der Restwert der Maschine abgezogen. Auf Grundlage dieser Größe wird die kalkulatorische Abschreibung pro Jahr errechnet.

Im nächsten Schritt werden die kalkulatorischen Zinsen erfasst. Dafür wird der so genannte Opportunitätszinssatz ermittelt. Dabei handelt es sich um jenen Zinssatz, der bei einer alternativen Anlage mit ähnlichem Risiko erzielt werden könnte.

Als Kapital wird das durchschnittlich gebundene Kapital angesetzt, im Fallbeispiel 60.000 € : 2 = 30.000 €. Die auf dieser Datengrundlage errechneten kalkulatorischen Zinsen werden wie die kalkulatorischen Abschreibungen als fixe Kosten hinterlegt.

Ferner werden alle weiteren anlage- und betriebsbedingten Kosten der Maschine zusammengetragen und in fixe sowie variable Bestandteile geteilt. Die Gesamtsumme der jährlichen Maschinenkosten wird durch die geplanten jährlichen Maschinenstunden dividiert. Daraus ergibt sich der Maschinen-Stundensatz. Die variablen und fixen Maschinenkosten pro Stunde sind analog zu hinterfragen.

Zusammenfassung: Kalkulationen in Handwerksbetrieben	
1.	Vor Beginn einer Leistungserstellung ist eine Vorkalkulation zu erstellen. Sie liefert Informationen für Preisverhandlungen, ist Grundlage für Angebotserstellungen und hilft über Aufträge zu entscheiden.
2.	Die Vorkalkulation arbeitet mit vorausberechneten Einzelkosten und Kalkulationszuschlagssätzen. Zuerst werden die Materialeinzelkosten ermittelt und die Materialgemeinkosten in Form eines Zuschlagssatzes auf diese aufgeschlagen. Danach wird die Bearbeitungszeit veranschlagt und mit dem Stundenverrechnungssatz multipliziert. Durch die Addition der Materialeinzelkosten, der Materialgemeinkosten und dem Produkt aus Bearbeitungszeit und Stundenverrechnungszeit erhält man den Barangebotspreis. Geplante Skonti sind dem Barangebotspreis hinzuzurechnen.
3.	Die Nachkalkulation dient der Erfolgskontrolle. Die tatsächlich angefallenen Kosten werden den geplanten Kosten aus der Vorkalkulation gegenübergestellt. Zu Beginn wird der erzielte Erlös erfasst. Von dem erzielten Erlös werden die Materialeinzelkosten und die Materialgemeinkosten abgezogen. Daraus ergibt sich der Lohnerlös. Im weiteren Verlauf wird der Lohnerlös pro Stunde herausgefunden. Dafür wird der Lohnerlös durch die Bearbeitungszeit in Stunden dividiert. In einem weiteren Schritt wird von dem Lohnerlös pro Stunde der Stundenverrechnungssatz auf Vollkostenbasis subtrahiert. Das Ergebnis ist der Gewinn bzw. Verlust pro Stunde.

4.	Die Zuschlagskalkulation basiert auf der Trennung von Kostenträgereinzelkosten und Kostenträgergemeinkosten. Zunächst werden die Kostenträgereinzelkosten (z. B. Materialeinzelkosten) gefunden. Auf die Kostenträgereinzelkosten werden dann prozentuale Zuschläge für die Kostenträgergemeinkosten und den Gewinn erhoben.
5.	Bei der einfachen Zuschlagskalkulation ist eine detaillierte Kostenstellenrechnung obsolet, da die Gemeinkosten undifferenziert auf die Absatzobjekte verrechnet werden. Die Gemeinkosten werden also durch gleiche Gemeinkostenzuschlagssätze auf alle Produkte übertragen. Den Einzelkosten des Material- und Fertigungsbereiches werden mithilfe von Zuschlagssätzen Material- und Fertigungsgemeinkosten hinzugerechnet; das Ergebnis sind die Herstellkosten. Neben den Verwaltungs- und Vertriebsgemeinkosten werden die so genannten Sondereinzelkosten des Vertriebs auf die Herstellkosten aufgeschlagen, woraus sich die Selbstkosten ergeben. Den Selbstkosten wird ein Gewinn prozentual oder absolut hinzugerechnet. Das Ergebnis ist der Angebotspreis.
6.	Die differenzierte Zuschlagskalkulation hat eine detaillierte Kostenstellenrechnung zur Grundlage, wodurch differenziert nach den unterschiedlichen Kostenstellen Zuschläge auf unterschiedlichen Bezugsgrößen gebildet werden können. Damit kann erreicht werden, dass sich die Gemeinkosten annähernd verursachungsgerecht auf die Leistungen verteilen.
7.	Der Stundenverrechnungssatz auf Teilkostenbasis ist so zu kalkulieren, dass der Deckungsbeitrag die Fixkosten und einen angemessenen Gewinn abdeckt. Die Höhe des Deckungsbeitrages hängt vor allem von dem Auslastungsgrad der verfügbaren Gesamtkapazität ab.
8.	Zur Berechnung des Teilkosten-Stundensatzes sind zunächst die verrechenbaren Stunden zu evaluieren. Um eine mehrfache Verrechnung zu vermeiden, werden die gesondert zu verrechnenden Kosten aus den übrigen Kosten ausgeklammert. Nach diesen Vorarbeiten werden auf den Mittellohn der „produktiv" Beschäftigten die übrigen variablen Kosten pro Stunde aufgeschlagen. Daraus ergeben sich die variablen Kosten pro verrechenbare Stunde. Die variablen Kosten pro Stunde (Grenzkosten) gelten als Preisuntergrenze, die nur in wenigen Ausnahmefällen erreicht

	werden sollte. Im Anschluss werden den variablen Kosten pro Stunde die ausgabewirksamen Kosten pro Stunde hinzugerechnet. Das Ergebnis sind die Deckungskosten 1, d. h. alle ausgabewirksamen Kosten werden über diesen Stundenverrechnungssatz abgedeckt. Werden die nicht ausgabewirksamen Fixkosten pro Stunde den Deckungskosten 1 hinzugefügt, ergeben sich die Deckungskosten 2. Dieser Stundenverrechnungssatz deckt alle Kosten des Unternehmens ab. Auf die Deckungskosten 2 wird ein angemessener Gewinn aufgeschlagen. Erst jetzt ist der Stundenverrechnungssatz ausreichend, um das Unternehmen langfristig erfolgreich zu führen.
9.	Zur Berechnung von Maschinen-Stundensätzen sind die Maschinenkosten in fixe und variable Bestandteile aufzuspalten. Der Maschinen-Stundensatz auf Vollkostenbasis wird ermittelt, indem die Gesamtkosten der Maschine durch die Laufzeit der Maschine in Stunden dividiert werden.
	Ausgangspunkt der Berechnung des Maschinen-Stundensatzes ist der Wiederbeschaffungswert der Maschine. Von diesem Wert wird der Restwert der Maschine abgezogen. Auf Grundlage dieser Größe werden die kalkulatorischen Abschreibungen pro Jahr errechnet. Danach werden die kalkulatorischen Zinsen ermittelt, die ebenso wie die kalkulatorischen Abschreibungen als fixe Kosten anzusetzen sind. Alle weiteren anlage- und betriebsbedingten Kosten der Maschine sind zu ermitteln und in fixe und variable Bestandteile aufzuspalten. Die Gesamtsumme der jährlichen Maschinenkosten wird durch die geplanten jährlichen Maschinenstunden dividiert, das Ergebnis ist der Maschinen-Stundensatz. Die variablen und fixen Maschinenkosten pro Stunde sind analog zu ermitteln.

3.5 Fallbeispiel prozessorientierte Kalkulationen eines Industriebetriebes

An einen Industriebetrieb werden natürlich ganz andere Anforderungen gestellt. Die Prozesskostenrechnung strebt eine verursachungsgerechte Kalkulation an, indem sie die spezifische Inanspruchnahme der indirekten Bereiche durch die Kalkulationsobjekte (Kostenträger) berücksichtigt. Dies wird durch folgendes Training deutlich.

Prozesskosten-rechnung

Training: Wie werden prozessorientierte Kalkulationen durchgeführt?

1. Ermitteln Sie die stückzahl- und variantenabhängigen Prozessmengen.
2. Ermitteln Sie die stückzahl- und variantenabhängigen Prozesskosten.
3. Beschreiben Sie das Vorgehen zur Kalkulation der Stückkosten.
4. Ermitteln Sie die stückzahlabhängigen Stückkosten.
5. Ermitteln Sie die Kosten/Variante.
6. Ermitteln Sie die variantenzahlabhängigen Stückkosten.
7. Ermitteln Sie die Materialstückkosten.
8. Ermitteln Sie den Materialgemeinkostenzuschlagssatz nach der traditionellen Zuschlagsmethode.
9. Ermitteln Sie die Materialstückkosten nach der traditionellen Zuschlagskalkulation.
10. Vergleichen Sie die Ergebnisse der prozessorientierten Kalkulation mit den Ergebnissen der traditionellen Zuschlagskalkulation und beurteilen Sie diese.

Das hier betroffene Unternehmen stellt drei Varianten eines Produktes her:

Varianten	A	B	C
Materialeinzelkosten	30	30	30
Stückzahl	70.000	30.000	20.000

Übersicht über die Prozesskostenstellenrechnung

Teilprozess		Kostentreiber	Treibermenge	Prozesskosten (€)
Rahmenverträge abschließen	lmi	Rahmenverträge	50	50.000
Abrufe über Rahmenverträge	lmi	Abrufe	1.000	70.000
Bestellungen Serienmaterial	lmi	Einzelbestellungen	2.500	200.000
Bestellungen Gemeinkostenmaterial	lmi	Bestellungen	1.000	80.000
Kontakte mit Lieferanten halten	lmi	Lieferanten	100	80.000
Abteilung leiten	lmn			120.000
Summe				600.000

Teilprozess	lmi-Satz	lmn-Satz	Gesamtkosten-satz
Rahmenverträge abschließen	1.000	300	1.300
Abrufe über Rahmenverträge	70	20	90
Bestellungen Serienmaterial	80	18	98
Bestellungen Gemeinkos-tenmaterial	80	20	100
Kontakte mit Lieferanten halten	800	200	1.000
Abteilung leiten			

Die Prozessmengen werden durch die hergestellten Stückzahlen und durch die Anzahl der Produktvarianten wie folgt bestimmt:

Prozesse	stückzahlabhängige Prozessmenge	variantenzahlabhäng. Prozessmenge
Rahmenverträge abschließen	20 %	80 %
Abrufe über Rahmenverträge	50 %	50 %
Bestellungen Serienmaterial	50 %	50 %
Bestellungen Gemeinkosten-material	50 %	50 %
Kontakte mit Lieferanten	10 %	90 %

Lösung zum Training:
Zu Frage 1:

Die stückzahl- und variantenzahlabhängigen Prozessmengen werden wie folgt ermittelt:

Prozesse	Prozessmenge	stückzahlabhängig	variantenabhängig
Rahmenverträge ab-schließen	50	20 % = 10	80 % = 40
Abrufe über Rahmen-verträge	1.000	50 % = 500	50 % = 500
Bestellungen Serienma-terial	2.500	50 % = 1.250	50 % = 1.250
Bestellungen Gemein-kostenmaterial	1.000	50 % = 500	50 % = 500
Kontakte mit Lieferan-ten	100	10 % = 10	90 % = 90

Zu Frage 2:

Die stückzahl- und variantenzahlabhängigen Prozesskosten werden wie folgt ermittelt:

Prozesse	stückzahlabhängige Prozess-kosten	variantenzahlabhängige Prozesskosten
Rahmenverträge abschließen	10 Prozesse x 1.300 €/Prozess = 13.000 €	40 Prozesse x 1.300 €/Prozess = 52.000 €
Abrufe über Rah-menverträge	500 Prozesse x 90 € /Prozess = 45.000 €	500 Prozesse x 90 € /Prozess = 45.000 €
Bestellungen Se-rienmaterial	1.250 Prozesse x 98 €/Prozess = 122.500 €	1.250 Prozesse x 98 €/Prozess = 122.500 €
Bestellungen Ge-meinkostenmaterial	500 Prozesse x 100 € /Prozess = 50.000 €	500 Prozesse x 100 € /Prozess = 50.000 €
Kontakte mit Liefe-ranten	10 Prozesse x 1.000 €/Prozess = 10.000 €	90 Prozesse x 1.000 €/Prozess = 90.000 €

Zu Frage 3:

Zur Kalkulation der Stückkosten wird wie folgt verfahren:

- Die stückzahlabhängigen Prozesskosten werden durch die Gesamtstückzahl dividiert. Jedes Stück erhält dadurch denselben Kostenbetrag.

- Die variantenabhängigen Prozesskosten werden durch die Zahl der Varianten dividiert. Dadurch wird jeder Variante derselbe Kostenbetrag zugerechnet.

- Der Kostenbetrag jeder Variante wird durch die zugehörige Stückzahl der jeweiligen Variante dividiert. Dadurch erhält man die Kosten pro Stück einer Variante.

- Zu den stückzahl- und variantenabhängigen Prozesskosten werden die Materialeinzelkosten addiert. Als Ergebnis erhält man die Materialkosten pro Stück einer Variante.

Zu Frage 4:

Die stückzahlabhängigen Stückkosten werden wie auf der folgenden Seite dargestellt ermittelt:

Prozesse		stückzahlenabhän-gige Stückkosten
Rahmenverträge abschließen	13.000 € : 120.000 Stück =	0,11 €/Stück
Abrufe über Rahmenverträge	45.000 € : 120.000 Stück =	0,38 €/Stück
Bestellungen Serienmaterial	122.500 € : 120.000 Stück =	1,02 €/Stück
Bestellungen Gemeinkosten-material	50.000 € : 120.000 Stück =	0,41 €/Stück
Kontakte mit Lieferanten	10.000 € = 120.000 Stück =	0,08 €/Stück
Summe		2,00 €/Stück

Zu Frage 5:

Die Kosten/Variante werden wie folgt ermittelt:

Prozesse		Kosten/Variante
Rahmenverträge abschließen	52.000 € : 3 Varianten =	17.333 €/Variante
Abrufe über Rahmenverträge	45.000 € : 3 Varianten =	15.000 €/Variante
Bestellungen Serienmaterial	122.500 € : 3 Varianten =	40.833 €/Variante
Bestellungen Gemeinkostenma-terial	50.000 € : 3 Varianten =	16.667 €/Variante
Kontakte mit Lieferanten	90.000 € : 3 Varianten =	30.000 €/Variante

Zu Frage 6:

Die variantenzahlabhängigen Stückkosten werden wie folgt ermittelt:

Prozesse	A	B	C
Rahmenverträge abschließen	17.333 €/Var.: 70.000 St./Var. = 0,25 €	17.333 €/Var.: 30.000 St./Var. = 0,58 €	17.333 €/Var.: 20.000 St./Var. = 0,87 €
Abrufe über Rah-menverträge	15.000 €/Var.: 70.000 St./Var. = 0,21 €	15.000 €/Var.: 30.000 St./Var. = 0,50 €	15.000 €/Var.: 20.000 St./Var. = 0,75 €
Bestellungen Se-rienmaterial	40.833 €/Var.: 70.000 St./Var. = 0,58 €	40.833 €/Var.: 30.000 St./Var. = 1,37 €	40.833 €/Var.: 20.000 St./Var. = 2,04 €
Bestellungen Ge-meinkostenmaterial	16.667 €/Var.: 70.000 St./Var. = 0,24 €	16.667 €/Var.: 30.000 St./Var. = 0,56 €	16.667 €/Var.: 20.000 St./Var. = 0,84 €
Kontakte mit Liefe-ranten	30.000 €/Var.: 70.000 St./Var. = 0,43 €	30.000 €/Var.: 30.000 St./Var. = 1,00 €	30.000 €/Var.: 20.000 St./Var. = 1,50 €
Summe	1,71	4,01	6,00

Aus den Berechnungen ergeben sich folgende Prozessstückkosten:

	A	B	C
stückzahlenabhängige Stückkosten	2,00 €/Stück	2,00 €/Stück	2,00 €/Stück
variantenzahlabhängige Stückkosten	1,71 €/Stück	4,01 €/Stück	5,99 €/Stück
Summe	3,71 €/Stück	6,01 €/Stück	7,99 €/Stück

Zu Frage 7:

Die Materialstückkosten werden wie folgt ermittelt:

	A	B	C
Materialeinzelkosten	30,00 €	30,00 €	30,00 €
Prozesskosten	3,71 €	6,01 €	7,99 €
Materialstückkosten	33,71 €	36,01 €	37,99 €

Zu Frage 8:

Der Materialgemeinkostenzuschlagssatz wird wie folgt ermittelt:

$$\text{Zuschlagssatz} = \frac{\text{Materialeinzelkosten}}{\text{Materialgemeinkosten}} \times 100$$

Materialgemeinkosten (MGK):	480.000 €	Imi-Kosten
	+ 120.000 €	Imn-Kosten
	600.000 €	

Materialeinzelkosten (MEK):		
70.000 Stück x 30 €/Stück	=	2.100.000 €
+ 30.000 Stück x 30 €/Stück	=	900.000 €
+ 20.000 Stück x 30 €/Stück	=	600.000 €
		3.600.000 €

Zuschlagssatz = (600.000 € MGK : 3.600.000 € MEK) x 100
= 16,67 %

Zu Frage 9:

Die Materialstückkosten werden nach der traditionellen Zuschlagskalkulation wie folgt ermittelt:

	A	B	C
Materialeinzelkosten	30.,00 €	30,00 €	30,00 €
Zuschlagssatz 16,67	5,00 €	5,00 €	5,00 €
Materialstückkosten	35,00 €	35,00 €	35,00 €

Zu Frage 10:

Die prozessorientierte Kalkulation führt zu dem Ergebnis, dass den Varianten mit einer geringen Stückzahl im Vergleich zur traditionellen Zuschlagskalkulation deutlich höhere Gemeinkosten zugerechnet werden. Varianten mit geringer Stückzahl sind bei einer prozessorientierten Kalkulation weniger erfolgreich als bei der traditionellen Zuschlagskalkulation.

Hingegen sind Varianten mit einer hohen Stückzahl wesentlich erfolgreicher als bei der traditionellen Zuschlagskalkulation. Mit der Prozesskostenrechnung kann der Fehlsteuerung der traditionellen Zuschlagskalkulation – Erweiterung des Produktionsprogramms um viele niedervolumige Varianten – entgegengewirkt werden.

Zusammenfassung: prozessorientierte Kalkulationen	
1.	Die Prozesskostenrechnung berücksichtigt bei der Zurechnung der Kosten zu den Kostenträgern die spezifische Inanspruchnahme der indirekten Bereiche durch die Kalkulationsobjekte.
	Dadurch wird versucht, eine verursachungsgerechte Kalkulation zu erreichen.
2.	Prozesse werden wie folgt kalkuliert:
	1. Ermittlung der stückzahl- und variantenabhängigen Prozessmengen
	2. Ermittlung der stückzahl- und variantenabhängigen Prozesskosten
	3. Ermittlung der stückzahlabhängigen Stückkosten
	4. Ermittlung der Kosten/Variante
	5. Ermittlung der variantenzahlabhängigen Stückkosten

Aus der Summe stückzahlabhängiger und variantenabhängiger Stückkosten ergeben sich die prozessabhängigen Stückkosten für einen definierten Prozess. Wenn die Prozesskosten den Einzelkosten zugerechnet werden – beispielsweise den Materialeinzelkosten – ergeben sich daraus die Materialstückkosten.

Für alle definierten Prozesse können analog zu diesem Verfahren Prozesskosten eruiert werden. Das weitere Vorgehen der Kalkulation erfolgt analog der differenzierenden Zuschlagskalkulation.

3. Im Vergleich zur traditionellen Zuschlagskalkulation führt die prozessorientierte Kalkulation zu dem Ergebnis, dass den Varianten mit einer geringen Stückzahl höhere Gemeinkosten zugerechnet werden. Damit kann der Fehlsteuerung der Zuschlagskalkulation entgegengewirkt und Variantenvielfalt eingeschränkt werden.

4 Kosten senken

Bisher ging es darum, Kosten exakt zu ermitteln und zuzurechnen. Ziel des Kostenmanagements Im nun behandelten Kostenmanagement hingegen sollen Kosten so beeinflusst werden, dass die Betriebsziele bestmöglich erreicht werden. Denn: Besonders in dynamischen Wettbewerbsmärkten müssen Unternehmen die Kosten steuern.

Ansatzpunkt für entsprechende Analysen und Maßnahmen kann zum einen die absolute Kostenhöhe sein – und zum anderen die Kostenstruktur. In beiden Fällen besteht das primäre Ziel darin, die Betriebskosten zu senken.

Die Ziele des Kostenmanagements sind in der folgenden Grafik zusammengefasst:

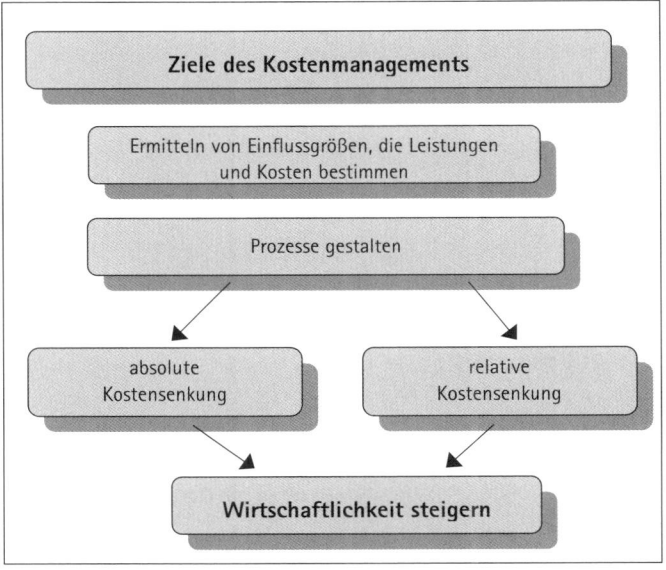

Abb. 16: Ziele des Kostenmanagements

Eine Kostensenkung kann dabei auf das Reduzieren der Kosten pro Leistungseinheit abzielen und/oder auf ein absolutes Senken der betrieblichen Kosten.

Der größte Teil entstehender Betriebskosten ist bereits vorbestimmt. Die Kostenverminderung pro Leistungseinheit sollte in erster Linie angestrebt werden, indem vorhandener Potenziale und Kapazitäten wirtschaftlich ausgenutzt werden. Das Kostenmanagement zielt darauf ab, Prozesse so wirtschaftlich als nur möglich zu gestalten und vorhandene Ressourcen wirtschaftlich zu steuern.

4.1 Kostenmanagement: Die Ausgangsdaten strukturieren und problematisieren

Das Kostenmanagement soll für Leistungs- und Kostentransparenz sorgen. Bestimmt werden Kostenhöhe und Kostenstrukturen durch die (strategischen) Entscheidungen über Art und Ausmaß der zu erfüllenden Unternehmensprozesse. Auch die erforderlichen Kapazitäten und Leistungspotenziale haben erheblichen Einfluss. Ein Fundament für ein erfolgreiches Kostenmanagement kann demzufolge nur geschaffen werden, wenn Unternehmensprozesse abgegrenzt und definiert werden. Prozessabgrenzung und -analyse bilden den Kern des Kostenmanagements, da ihre Güte die Kostentransparenz und Leistungen unmittelbar bestimmt. Erst Transparenz ermöglicht gezielte Maßnahmen zur Veränderung betrieblicher Kosten- und Leistungsstrukturen.

Prozessabgrenzung

Tätigkeitsanalyse

Einkauf, Produktion, Vertrieb, Marketing: In einem Unternehmen fallen die verschiedensten Tätigkeiten an. In die Tätigkeitsanalyse sollten jedoch lediglich repetitive (= sich wiederholende) homogene Tätigkeiten einfließen. Alles andere ist zu umständlich. Die Daten können anhand von Interviews mit den betreffenden Kostenstellenleitern erhoben werden. Ebenso ist es möglich, dass die betreffenden Mitarbeiter die Daten in einer Tätigkeitsliste zusammenfassen. Bereits dabei sollte auf Ineffizienzen geachtet werden. Jede Tätigkeit muss folgenden Fragen unterworfen werden: Ist die Tätigkeit überhaupt notwendig? Wenn ja, in welchem Umfang und in welcher Qualität?

Die Interviews mit den Kostenstellenleitern Einkauf und Labor haben folgende Ergebnisse erbracht:

Tätigkeitsanalyse

Tätigkeiten im Einkauf	
Angebote einholen	12 Minuten
Angebote bearbeiten	28 Minuten
Rechnungen prüfen	10 Minuten

Tätigkeiten im Labor	
Analysenummer vergeben	2 Minuten
Prüfungen durchführen	33 Minuten
Prüfungen bewerten	10 Minuten
Fehlerklassifizierungen erstellen	10 Minuten
Beanstandungen erstellen	10 Minuten

Kontroll-Check: Durchführung einer Tätigkeitsanalyse Check
1. Welche Tätigkeiten sollten aus Wirtschaftlichkeitsgründen nur analysiert werden?
2. Wie könnten die Daten für eine Tätigkeitsanalyse erhoben werden?

Prozessdefinition und Bildung einer Prozesshierarchie

Zunächst sollten Sie die Tätigkeiten in Teilprozesse gliedern. Danach verdichten Sie die Teilprozesse zu kostenstellenübergreifenden Hauptprozessen. Damit Sie eine wirksame Kontrolle über das Betriebsgeschehen haben, sollten Sie für die Hauptprozesse so genannte Prozessverantwortliche benennen.

Prozesshierarchie

Training: Wie werden Prozesse definiert und Prozesshierarchien gebildet?

Bilden Sie aus den Tätigkeitsanalysen „Tätigkeiten im Einkauf" und „Tätigkeiten im Labor" Teilprozesse, verdichten Sie diese zu einem Hauptprozess und erstellen Sie eine Prozesshierarchie.

Lösung zum Training:

Die Prozesshierarchie könnte wie folgt gebildet werden:

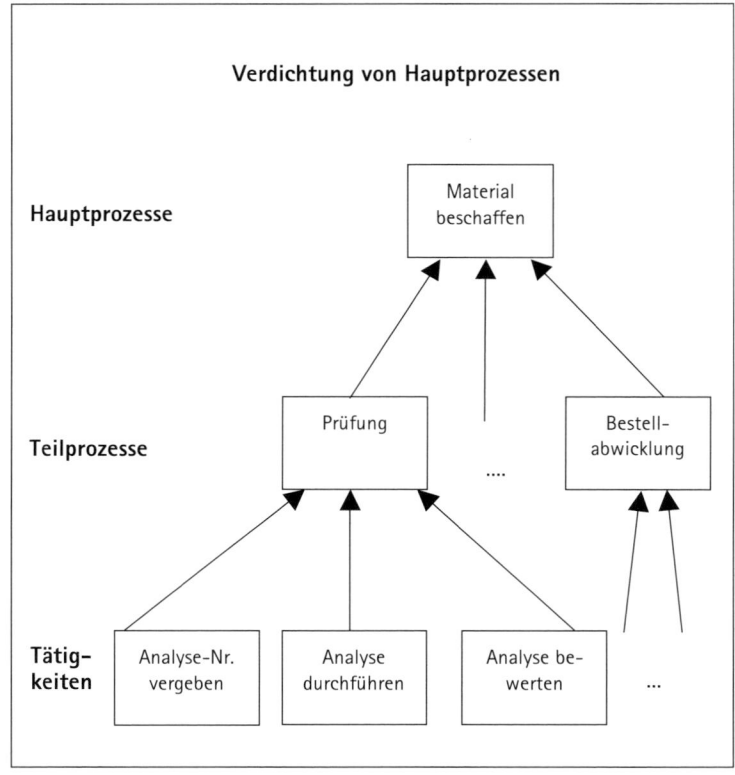

Abb. 17: Prozesshierarchie

Kostentreiber

Ermittlung von Kostentreibern

Dieses Training hilft Ihnen bei der Suche nach Kosteneinflussgrößen. Für jede leistungsmengeninduzierte (lmi) Tätigkeit beziehungsweise für jeden Teil- und Hauptprozess werden Sie ein quantitatives Merkmal suchen, das die Kosten dieser Tätigkeit bzw. dieses Prozesses beeinflusst oder treibt.

Kostentreiber-ermittlung

Training: Wie werden Kostentreiber ermittelt?

1. Ermitteln Sie für folgende Tätigkeiten die Kostentreiber.

Tätigkeiten	**Kostentreiber**
Angebote einholen	
Prüfungen durchführen	
Beanstandungen erstellen	

2. Ermitteln Sie für folgende Teilprozesse die Kostentreiber.

Teilprozesse	**Kostentreiber**
Material bestellen	
Qualitätsproben	
Material lagern	

3. Ermitteln Sie den Kostentreiber für folgenden Hauptprozess.

Hauptprozesse	**Kostentreiber**
Material beschaffen	

Lösung zum Training:
Zu Frage 1:

Folgende quantitative Merkmale könnten die Kosten der Tätigkeiten maßgeblich beeinflussen.

Tätigkeiten	Kostentreiber
Angebote einholen	Zahl der Angebote
Prüfungen durchführen	Zahl der Prüfungen
Beanstandungen erstellen	Zahl der Fehler

Zu Frage 2:

Folgende quantitative Merkmale könnten die Kosten der Teilprozesse maßgeblich beeinflussen.

Teilprozesse	Kostentreiber
Material bestellen	Zahl der Bestellungen
Qualitätsproben	Zahl der Proben
Material lagern	m^3 Lagerraum

Zu Frage 3:

Folgendes quantitative Merkmal könnte die Kosten des Hauptprozesses maßgeblich beeinflussen.

Hauptprozesse	Kostentreiber
Material beschaffen	Zahl der Beschaffungen

Die richtigen Werkzeuge für ein effektives Kostenmanagement

Die Kostenrechnung ist das A und O für ein sauberes Kostenmanagement. Mit ihr lassen sich Betriebskosten und -erlöse zentral erfassen. Controllingorientierte Verfahren des (Gemein-) Kostenmanagements greifen auf die Ergebnisse der Kosten- und Erlösrechnung zurück. Sie kombinieren und ergänzen deren Ergebnisse und helfen bei der Beantwortung neuer Fragestellungen. Sie verstehen sich demzufolge nur als zusätzliche Informationsinstrumente.

Voraussetzung ist zunächst, sämtliche Unternehmensbereiche als weitgehend kostenmäßig gestaltbare Handlungsbereiche zu betrachten. Die Analyse kreist um folgende Frage: Welche Prozesse müssen zwingend wahrgenommen werden, um das Unternehmensziel zu erreichen und welche Tätigkeiten sind unnötig? In diesem Zusammenhang wird auch von wertschöpfungserhöhenden und nicht-wertschöpfungserhöhenden Aktivitäten gesprochen.

In diesem Teil wird das Zero-Base-Budgeting (ZBB) erläutert. Wegen seines hohen Aufwands wird dieses Verfahren nur unregelmäßig durchgeführt. Eine Einschätzung der ermittelten Werte erfordert häufig Vergleichswerte. Diese Lücke können die Zielkostenrechnung und das Benchmarking füllen, weshalb sie hier vorgestellt und eingeübt werden.

Das Zero-Base-Budgeting

Das Zero-Base-Budgeting (ZBB) macht seinem Namen alle Ehre: Die Planungs-, Analyse- und Entscheidungstechnik, verlangt von jedem Mitarbeiter, sein Budget vollständig und detailliert von Grund auf (Zero) neu aufzustellen. Es heißt entsprechend auch, dass die Planung „auf der grünen Wiese" stattfinde, auf der der Mitarbeiter steht, und dieser immer wieder aufgefordert wird, zu begründen, warum überhaupt Kosten entstehen. Ausgangspunkt ist also nicht das Budget des Vorjahres, sondern das geplante Budget des nächsten Jahres oder der nächsten Jahre, das im „jetzt und heute" formuliert werden soll.

Zero-Base-Budgeting

Beim Zero-Base-Budgeting (ZBB) bzw. Zero-Base-Planing (ZBP) handelt es sich um eine Planungs-, Analyse- und Entscheidungstechnik. Ihr Ziel: Gemeinkosten senken und verfügbare operative und strategische Ressourcen im Gemeinkostenbereich möglichst wirtschaftlich einsetzen. Damit verfolgt es die Zielsetzungen des Kostenmanagements. Das ZBB versucht Kosten und die zu erwartenden Leistungen neu zu begründen. Alle Gemeinleistungen und die damit verbundenen Kosten sollen neu bedacht und gerechtfertigt werden. Dafür geht es von einer theoretischen „Null-Basis" aus.

Der Schwerpunkt des Instrumentes liegt bei der Überprüfung der Anforderungsgerechtigkeit betrieblicher Prozesse.

Traditionell werden Gemeinleistungsprozesse auf Basis der Vorjahreskosten budgetiert. Daraus erwachsen häufig Probleme. Budgets ufern aus, niedrige Budgetansätze werden vernachlässigt oder wachsende Budgetansätze werden zu stark fokussiert. Das ZBB möchte dies verhindern.

Im Rahmen von ZBB-Projekten wird systematisch nach Leistungsalternativen gesucht. Dies macht das ZBB zugleich zu einer Kreativitätstechnik bei der Suche nach Prozessinnovationen.

Prozessinnovationen

Der Ablauf eines ZBB-Prozesses wird in folgender Abbildung darge-stellt:

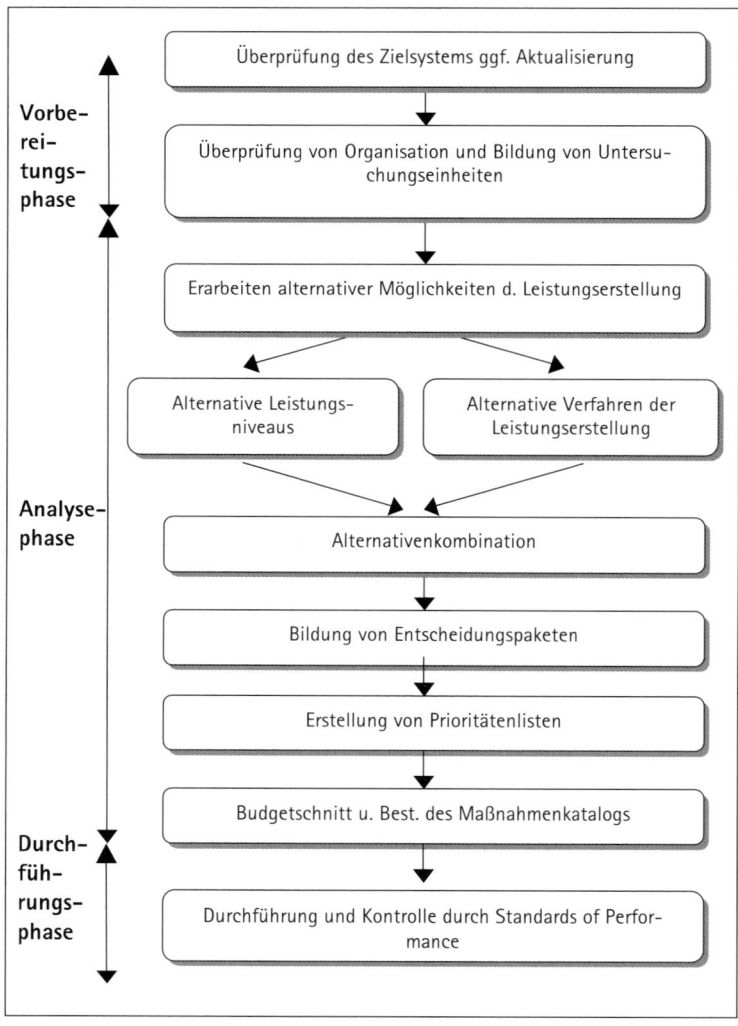

Abb. 18: Ablaufschema eines ZBB-Projektes

Die Zielkostenrechnung (Target Costing)

Bei der Kalkulation wird davon ausgegangen, dass ein Unternehmen den Preis seiner Produkte an den Selbstkosten ausrichten muss: Die Zielkostenrechnung bricht mit diesem Prinzip. Sie geht von einer anderen Perspektive aus. Die entscheidende Frage lautet: „Was darf ein Produkt kosten?" *Target Costing*

Mit dieser Maxime wird deutlich, dass sich Unternehmen bei der Preisfindung am Markt orientieren müssen und das heißt, die Kunden, Lieferanten und Konkurrenten bestimmen den Preis.

Die Zielkostenrechnung wurde ursprünglich in den 70er Jahren in Japan entwickelt und ist seit den 90er Jahren auch in Deutschland weit verbreitet. Dies ist besonders bedingt durch die Verschärfung des internationalen Wettbewerbs und einen hohen Innovations- und Preisdruck.

Die Zielkostenrechnung ist in die Gesamtplanung eines Unternehmens zu integrieren. Der Ausgangspunkt für die Kostenbetrachtung ist die folgende Frage: „Welche Strategie verfolgen wir?" Ein bereits in den 80er Jahren entwickelter Ansatz geht davon aus, dass Unternehmen grundsätzlich die Wahl zwischen zwei Alternativen haben: *Strategie*

1. Kostenführer am Markt werden
2. Positionierung und Abgrenzung von Wettbewerbern durch besondere Qualität (Differenzierung)

Angenommen Sie sind in einem gegebenen Markt tätig und haben die zwei oben genannten Möglichkeiten:

(1) Sie bieten neue und junge Produkte zu einem relativ niedrigen Preis an und bringen sie schnell auf den Markt. Erst hinterher versuchen Sie am Ausbau eines Qualitätsimages zu arbeiten und den wahrgenommenen Produktwert zu steigern. Dies ist eine typische Vorgehensweise von vielen japanischen Unternehmen, z. B. in der Automobilindustrie und der Unterhaltungselektronik. Diese „typisch japanische" Strategie wird heute zunehmend auch von deutschen Unternehmen verfolgt, nicht zuletzt aus dem offensichtlichen Grund einer Kostenreduzierung. *Kostenführer*

131

Differenzierung

(2) Sie bauen gezielt ein Produkt auf, dass im Bewusstsein der Kunden einen hohen Produktwert hat und das sich über die hohe Qualität vom Wettbewerb differenziert. Damit sind in der Regel hohe Produktkosten verbunden, die Sie erst in einer späteren Phase zu verringern versuchen. Durch diese Strategie haben Sie zwar zunächst einen Vorteil vor den Konkurrenten, allerdings kann es gefährlich werden, wenn Sie versuchen, die Qualität zu wahren. Die Konkurrenz im Markt mag längst zu billigeren Preisen anbieten und der eigene Markt „bricht" weg.

Die Wahl einer Strategiealternative hat für das Konzept der Zielkostenrechnung unmittelbare Konsequenzen:

1. Egal, welche Strategie Sie verfolgen: Kosten sind immer wichtig, allerdings mit unterschiedlicher Prioritätensetzung.

2. Dort, wo der Wettbewerb besonders intensiv ist, erwerben Sie am besten die Kompetenz für ein erfolgreiches Kostenmanagement. Hier geht es um beides: Qualität und Kosten.

3. Es ist leichter, von niedrigen Produktkosten auszugehen und ein Qualitätsimage aufzubauen als umgekehrt!

Es kann gefährlich sein, einer qualitätsorientierten Strategie zu folgen, wenn die „Kostenfrage" zu sehr in den Hintergrund gestellt wird, denn was sich am Markt absetzten lässt, ist wesentlich durch den Preis (und seine Relation zum Produkt) bestimmt.

Kostenführerschaft

Der entgegengesetzte Ansatz einer Kostenführerschaft betont schon sehr viel direkter, dass Sie Kosten in den Mittelpunkt Ihrer Betrachtung stellen müssen. Von hier ist es nicht weit zum unmittelbaren Ansatzpunkt der Zielkostenrechnung – der Orientierung der Kosten am Marktpreis.

Zielkosten

Die Kosten, die für Sie relevant sind, sind die Zielkosten, die Sie am Markt erzielen können. Sie stellen eine Art Klammer um das Unternehmen dar und richten dadurch die gesamte Kostenplanung auf die Markterfordernisse aus. Es erfolgt eine strikte Kundenorientierung nicht nur mit qualitativen Zielkriterien, sondern mithilfe konkret fassbarer Steuerungskriterien, eben mit Zielkosten.

Die wesentlichen Merkmale der Zielkostenrechnung können wie folgt zusammengefasst werden:

1. Strikte Marktorientierung durch die Herleitung marktorientierter Zielkosten für alle Produkte. Dabei größtmögliche Berücksichtigung von Kundenwünschen.

2. Kostenbeeinflussung in frühen Phasen der Produktentstehung.

3. Ermittlung der „zulässigen" Kosten durch wettbewerbsorientierte rückwärtsgerichtete Kalkulation unter Ansatz der gewünschten Gewinnmarge.

4. Ermittlung der Selbstkosten durch vorwärtsgerichtete Kalkulation auf der Grundlage bisheriger oder geschätzter Standardkosten.

5. Gegenüberstellung der zulässigen Kosten und der Selbstkosten und Setzung der Zielkosten für das Gesamtprodukt, Komponenten, Teile und weitere Leistungen. Beseitigung der Differenzen zwischen zulässigen Kosten und Selbstkosten.

6. Endgültige Festlegung der Zielkosten und Ableitung der neuen Standardkosten.

Training Zielkostenrechnung
1. Welches Ziel verfolgt die Zielkostenrechnung?
2. Welcher Gedanke liegt der Zielkostenrechnung zugrunde?

Lösung zum Training
Zu Frage 1:

Das Ziel ist die Beseitigung der Differenzen zwischen zulässigen Kosten, die Sie am Markt erzielen können, und den Selbstkosten.

Zu Frage 2:

Die Kosten, die für ein Unternehmen relevant sind, sind die Zielkosten, das heißt es erfolgt eine strikte Kundenorientierung.

Das Benchmarking
Ob das schönste Cabriolet am Markt, der beste Möbelbauer oder der schnellste Pizzadienst: In jedem Bereich kann ein Unternehmen mit   Benchmark

seinen Produkten oder Dienstleistungen den ultimativen Maßstab setzen. Es ist die Meßlatte für die Konkurrenz. Das Benchmarking beschreibt das strukturierte Ausrichten und Lernen von den Besten (Führern) im Markt. Anders als beim Betriebsvergleich können im Rahmen des Benchmarkings auch einzelne Arbeitsprozesse überbetrieblich verglichen werden – wie etwa der Ablauf eines Auftrages oder die Abwicklung der Auslieferung von Waren. Auch wird die in Betriebsvergleichen übliche Anonymität der Teilnehmer aufgehoben.

Ziel des Benchmarkings ist es, diejenigen Prozesselemente im eigenen Unternehmen einzuführen, die für einen Leistungs- oder Kostenvorsprung verantwortlich sind und somit die interne und/oder externe Kundenzufriedenheit verbessern. Damit führt das Benchmarking Elemente der Konkurrenzanalyse, der Wertanalyse sowie der strategischen Erfolgsforschung zusammen.

externes
Benchmarking

Externes Benchmarking berücksichtigt als Vergleichsmaßstab den Branchenführer oder einen direkten Wettbewerber. Das funktionale Benchmarking hingegen vergleicht allgemein Prozesse unabhängig davon, ob sie auf eine bestimmte Branche oder Betriebsgröße zugeschnitten sind.

(Externes) Benchmarking vollzieht sich in folgenden Phasen:

1. Bestimmung des Benchmarking-Gegenstandes
2. Bildung eines Benchmarking-Teams
3. Identifikation von Benchmarking-Partner(n)
4. Sammeln und analysieren von Informationen
5. Umsetzung

Durch die Integration der Umsetzungsphase in den Benchmarking-Prozess geht das Benchmarking über einen reinen Kennzahlenvergleich hinaus.

Benchmarking-
Gegenstand und
Benchmarking-
Team

Der Benchmarking-Gegenstand ergibt sich häufig aus einer Stärken- und Schwächenanalyse und besteht beispielsweise aus Leistungslücken und Defiziten gegenüber den Wettbewerbern. Beim Benchmarking-Team sollte es sich um ein speziell gruppiertes Projektteam handeln, das durch externe Berater unterstützt werden kann. Um ein breites Wissens- und Erfahrungsspektrum zu nutzen, sollte das Team multifunktionell besetzt sein und je nach Untersuchungsgegenstand Prozessbeteiligte aus allen Hierarchieebenen umfassen.

Benchmarking-Partner zu finden und diese zu einer Zusammenarbeit zu gewinnen, gehört zu den problematischsten Aufgaben des Benchmarkings. Das externe Benchmarking innerhalb einer Branche setzt voraus, dass der „Beste" dieser Branche überhaupt gefunden wird. Dazu muss festgelegt werden, welche Erfolgsmaßstäbe herangezogen werden können. In der Praxis werden meist quantitative Erfolgsindikatoren wie Erlöse, Gewinn, ROI oder Wachstumsraten der vergangenen Jahre berücksichtigt. Entsprechendes Datenmaterial ist meist veröffentlicht und kann entsprechend herangezogen werden.

Benchmarking-Partner

Deutlich schwieriger ist die Suche nach funktionalen Benchmarking-Partnern. Da in diesem Fall unabhängig von Branche, Größe und Struktur der Unternehmen spezielle (Kern-)Prozesse den Benchmarking-Gegenstand ausmachen, weitet sich der Kreis potenzieller Partner auf alle Unternehmen weltweit aus. Infrage kommen alle Unternehmen, die diesen Prozess ebenfalls abwickeln beziehungsweise ein gleiches Prozessergebnis erzielen. So kommen für ein Handelsunternehmen mit Blick auf die Prozesseffizienz auch Industrieunternehmen als Benchmarking-Partner infrage. Meist ist es unumgänglich, externe Prozessspezialisten einzubinden. Zu groß ist die Anzahl der potenziellen Partner. Zu schwierig ist es oftmals, Daten im Vorfeld zu erhalten.

funktionales Benchmarking

Die Chancen, Benchmarking-Partner zu gewinnen, sind von der Sensibilität des Themas abhängig. Je wettbewerbsrelevanter das Thema eingeschätzt wird, desto geringer ist die Bereitschaft, eventuelle eigene Wettbewerbsvorteile preiszugeben. Aus diesem Grunde kann es einfacher sein, Benchmarking-Partner für ein funktionales Benchmarking zu gewinnen, da in anderen Branchen ein Prozess weniger als Schlüsselprozess eingestuft werden könnte. Auch lässt eine solche Wahl eher Quantensprünge in Bezug auf die Prozessverbesserungsmöglichkeiten zu, da vollständig andere Wege betrachtet werden. Die Chance, Anregungen für Prozessverbesserungen – keine Kopien – zu erhalten, ist damit hoch.

Grundsätzlich stellt sich die Frage, wie der „Beste" eines Prozesses zu einem Benchmarking zu bewegen ist. Selbst wenn man sich darauf beschränken sollte, lediglich „Bessere" zur Zusammenarbeit zu gewinnen, so besteht im Verlauf eines Projektes immer die Gefahr, dass der unter Effizienzgesichtspunkten am weitesten fortgeschrittene Partner aus dem Projekt aussteigt – weil die Kooperation für ihn keinen weiteren Nutzen bringt. Um zu verhindern, dass man den Träger der „best practice" verliert, sollten dem Partner zusätzliche Nutzen geboten werden, z. B. durch Sonderbetreuungen durch Unternehmensberater.

Trotz der Probleme bleibt Benchmarking ein Erfolg versprechender Ansatz, um Prozesse zu bewerten und zu verbessern sowie um Kosten zu senken.

> **Training:**
> In welchen Phasen vollzieht sich das externe Benchmarking?

Lösung zum Training:
Das externe Benchmarking wird in folgenden Phasen durchgeführt:

1. Es wird der Benchmarking-Gegenstand bestimmt
2. Das Benchmarking-Team wird gebildet
3. Der Benchmarking-Partner wird identifiziert
4. Informationen werden gesammelt und analysiert
5. Umsetzung der Maßnahmen

Zusammenfassung: Wissenswertes zum Kostenmanagement	
1.	Das Kostenmanagement greift auf die Kostenrechnung als zentrales Erfassungsinstrument betrieblicher Kosten und Erlöse zurück. Die dargestellten Verfahren des Kostenmanagements zielen darauf ab, die Quellen der Gemeinkosten zu ermitteln und Einsparungsmöglichkeiten zu identifizieren.
2.	Bei der Analyse steht die Frage im Mittelpunkt, welche Prozesse wahrgenommen werden müssen und welche Prozesse unnötig sind.

3.	Das Zero-Base-Budgeting hat zum Ziel, die verfügbaren Ressourcen im Gemeinkostenbereich möglichst wirtschaftlich einzusetzen. Ausgehend von einer „Null-Basis" wird versucht, Kosten und Leistungen neu zu begründen. Es wird systematisch nach Leistungsalternativen gesucht, die als Prozessinnovationen einsetzbar sind. Der ZBB-Prozess läuft in folgenden Schritten ab: 1. Überprüfung des Zielsystems 2. Überprüfung von Organisation und Bildung von Untersuchungseinheiten 3. Erarbeitung alternativer Möglichkeiten der Leistungserstellung 4. Erarbeitung einer Alternativenkombination 5. Bildung von Entscheidungspaketen 6. Erstellung von Prioritätenlisten 7. Budgetschnitt und Bildung des Maßnahmenkatalogs 8. Durchführung und Kontrolle durch Standards of Performance
4.	Ausgangspunkt der Zielkostenrechnung ist die Frage: Was darf ein Produkt kosten? Angewendet werden kann die Zielkostenrechnung für alle Produkte, die auf einem Markt mit intensivem Wettbewerb konkurrieren. Die Zielkostenrechnung ist in die Gesamtplanung des Unternehmens zu integrieren. Ausgangspunkt ist die Strategiewahl, wobei sich die Kosten eines Produktes immer am Markt orientieren müssen. Es erfolgt eine strikte Kundenorientierung.
5.	Benchmarking ist ein strukturierter Prozess des Lernens von den Besten. Ziel des Benchmarking ist, diejenigen Prozesselemente einzuführen, die einen Kosten- und Leistungsvorsprung ermöglichen. Externes Benchmarking hat als Vergleichsmaßstab einen direkten Wettbewerber, das funktionale Benchmarking vergleicht unabhängig von Branche und Größe allgemein Prozesse. Benchmarking vollzieht sich in folgenden Phasen: 1. Bestimmung des Benchmarking-Gegenstandes 2. Bildung eines Benchmarking-Teams 3. Identifikation von Benchmarking-Partner(n) 4. Sammeln und analysieren von Informationen 5. Umsetzung

137

4.2 Wie Sie Maßnahmen des Kostenmanagements planen und beurteilen

Durchführung des Zero-Base-Budgeting

Die Grundaussage beim Zero-Base-Budgeting lautet: Alles infrage stellen!

Vorteil

Selbst bisher als sinnvolle und wünschenswerte Arbeitsergebnisse aller Mitarbeiter angesehene Leistungen sollen hinterfragt werden. Das mag zunächst ungewöhnlich und vielleicht sogar abschreckend wirken. Dieser Ansatz hat aber den großen Vorteil: Er hilft Denkstrukturen wie „Das haben wir immer schon so gemacht" aufzudecken und zu beseitigen.

Vergleichbar ist der Prozess mit der kreativen Ideenfindung in einer Werbeagentur. Beim Brainstorming versuchen dort alle beteiligten Mitarbeiter gemeinsam neue Ansätze und Ideen zu entwickeln – und zwar befreit von bestehenden Zwängen. Damit kreative Ideen nicht gleich im Vorfeld im Keim erstickt und verworfen werden, müssen Regeln beachtet werden.

1. Keine Kritik während der Ideenphase! Die Realisierung der Ideen spielt keine Rolle. Jede Idee zählt – Meinungen zu den Ideen sind unerwünscht.

2. Keine Killerphrasen benutzen! Sätze wie: „Das geht doch sowieso nicht", „dafür haben wir keine Zeit" oder „darüber sollten wir ein anderes Mal reden" haben im Brainstorming nichts zu suchen. Sie zerstören die Motivation, nach wirklichen alternativen Lösungen zu suchen.

3. Für die Zeit der Sitzung werden Hierarchieunterschiede aufgehoben. Jeder ist mit seiner Meinung gleichberechtigt.

Check ✓

Kontroll-Check: Was sind die Grundaussagen des ZBB?
1. Wie lautet die Grundaussage des ZBB?
2. Welchen Vorteil hat das ZBB?
3. Nennen Sie die Grundregeln für das ZBB-Team.

Durchführung des ZBB

Umgesetzt wird das ZBB in vier Hauptphasen. Der erste Schritt ist die Vorbereitungsphase, dann folgen die Analysephase und die Umsetzungsphase und abschließend werden die Ergebnisse in der Kontrollphase überprüft.

Durchführung

Vorbereitungsphase

Das ZBB soll in allen Bereichen eines Unternehmens durchgeführt werden? Dann ist es zunächst erst einmal wichtig, sich die strategische Gesamtplanung samt den sich daraus abgeleiteten Zielsetzungen zu verdeutlichen. „Strategisch" bedeutet in diesem Fall, nicht nur die langfristigen Zielsetzungen zu berücksichtigen, sondern besonders die „Bedeutsamsten". Das können etwa die Eroberung völlig neuer Marktsegmente oder auch eine Produktionsumstellung sein.

Vorbereitungs-
phase

Auf jeden Fall sollten Mitglieder der Geschäftsführung im ZBB-Team vertreten sind, um der strategischen Vorgehensweise genügend Gewicht zu verleihen. Wird beispielsweise der Ausbau des europäischen Vertriebs beschlossen, muss bereits im Vorfeld klar sein, welche Konsequenzen es hat, wenn genau dort Rationalisierungspotentiale entdeckt werden. Davon kann die gesamte weitere Stoßrichtung des Unternehmens betroffen sein.

Andererseits ist es aber auch möglich, ZBB als Instrument in einer einzelnen Abteilung einzusetzen – etwa nur in der EDV oder nur im Marketing. Dann besteht das ZBB-Team aus ausgewählten Mitarbeitern der jeweiligen Abteilung. Der Analysebereich wird in der Regel die gesamte Abteilung umfassen, wobei einzelne Analyseschwerpunkte gesetzt werden können.

Das Motto „Tue Gutes und rede darüber" empfiehlt sich auch bei der Einführung des ZBB. Alle Mitarbeiter sollten gründlich eingewiesen werden, eine umfassende Schulung hilft darüber hinaus, einen „ZBB-Teamgeist" heraufzubeschwören. Das ist deshalb besonders wichtig, weil es zu erheblichen Rationalisierungseffekten kommen kann, deren Konsequenzen nur mit den betroffenen Mitarbeitern gelöst werden können. Oftmals ist es sogar sinnvoll, in der Vorbereitungsphase einen externen Experten zu Rate zu ziehen.

Dieser ist neutral und könnte zugleich für notwendige weitere Fortbildungsmaßnahmen verantwortlich zeichnen. Dadurch können oft zu einem frühen Zeitpunkt Kosten gespart werden, die im weiteren Verlauf des ZBB ohnehin anfallen. Zudem bildet sich auf diese Weise ein Kreis von „Eingeschworenen", die im weiteren Verlauf des ZBB-Prozesses Erfahrungen austauschen, ihr Wissen weitergeben und Vergleiche anstellen können.

Check ✔

Kontroll-Check: Worauf ist in der Vorbereitungsphase zu achten?
Formulieren Sie, worauf in der Vorbereitungsphase zu achten ist.

Analysephase

Aufgaben- und Entscheidungs-einheiten

Herr Müller ist Leiter der Pressestelle in einem Unternehmen und zugleich einziger Mitarbeiter seiner Einmannabteilung. Herr Müller ist für vier einzelne Aufgabenbereiche zuständig und klagt, dass er eigentlich einen weiteren Mitarbeiter bräuchte. Zwischenzeitlich hat man ihm sogar einen Studenten zur Seite gestellt.

Für das folgende Training wird ein solcher einzelner Aufgabenbereich herausgegriffen, der weiter in so genannte „Aufgaben- oder Entscheidungseinheiten" unterteilt wird. Das sind in der Regel einzelne Aufgaben – wobei jeder Aufgabe auch die entsprechende Zahl an Mitarbeitern, d. h. Personalkapazität zugeordnet wird. Im Fall der Pressestelle ist Herr Müller jeder Aufgabe zugeordnet.

Aufgabenbereiche

Herr Müller muss vier Bereiche abarbeiten. Im Bereich „technische Information" nimmt er sämtliche technische Neuerungen auf und stellt sie den Mitarbeiter aus dem Produktionsbereich zur Verfügung. Dazu gehört, dass er Kongressmaterialien anfordert, selbst auf Kongressen präsent ist und Kontakte zu Forschungsinstituten aufrechterhält.

Im zweiten Bereich geht es um die „Archivierung" der vorhandenen Daten. Hier soll in nächster Zeit ein übersichtliches internes Informationssystem aufgebaut werden, über das sich jeder Mitarbeiter mit dem aktuellsten Wissen versorgen kann.

Zu dem dritten Aufgabenbereich gehört, existierende und potenzielle Kunden zu beraten und ggf. auch Betriebsführungen durchzuführen. Hiervon verspricht sich das Unternehmen einen großen Imageeffekt, da das Unternehmen gerade in letzter Zeit häufig unter ausländischen Kunden „herumgereicht wurde".

Der vierte und letzte Aufgabenbereich bestand bisher darin, ausschließlich Informationen für das Ausland bereitzustellen. Ob sich eine getrennte Aufarbeitung wirklich lohnt, da ist sich die Geschäftsführung unsicher.

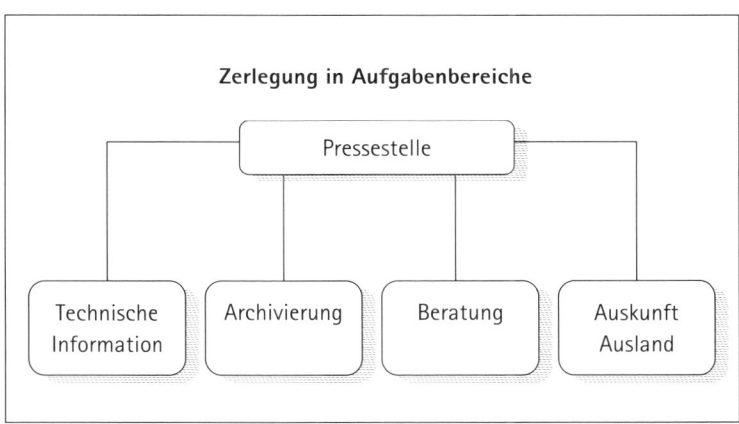

Abb. 19: Bildung von Aufgabeneinheiten

Beim ZBB wird jetzt im Anschluss an die Bildung dieser Aufgabenbereiche ermittelt, wie viel Zeit für welche Teilaufgaben investiert wird. Gleichzeitig wird festgehalten, was die Leistungen kosten. Welche Telekommunikationskosten fallen an? Welches Material wird verbraucht? In welchem Maße ist die EDV-Anlage besetzt? Dabei ist eine sorgfältige Analyse wichtig. Nur so werden die vorhandenen Schwachstellen transparent und die Grundlagen für Verbesserungsideen geschaffen. — Zeit und Kosten

Weitergehende Analysen befassen sich mit den kostentreibenden Faktoren einzelner Aufgabenbereiche. Doch mit der Feststellung von kostentreibenden Faktoren ist es noch nicht getan. Als wichtigster — Ideenfindung

Teil des ZBB-Prozesses gilt die gemeinsame Ideenfindung, die Veränderungsmöglichkeiten aufdecken soll. Dabei ist nicht ausgeschlossen, dass mitunter sogar zusätzliche Leistungen nötig werden. Es geht um die Verbesserung der Kosten-Nutzen-Relation, nicht nur um bloße Kostensenkung.

Bewertungs-matrix

Alle möglichen Veränderungsvorschläge, die in der ersten Diskussionsrunde formuliert werden, sind von einem Team zu prüfen. Das Team nutzt eine Bewertungsmatrix, um Kosten und Nutzen der einzelnen Vorschläge zu prüfen. Dabei werden drei Kategorien unterschieden. In diesem Fall: unbestimmte Bewertung, positive Bewertung, negative Bewertung.

Nutzen Kosten	gering	mittel	hoch
gering	unbestimmt	positiv	positiv
mittel	negativ	unbestimmt	positiv
hoch	negativ	negativ	unbestimmt

Im Fall der Pressestelle werden zwei Vorschläge gemacht. Der erste Vorschlag sieht die Einstellung von mehr Personal vor und schlägt das Outsourcen der Archivierung vor. Zudem soll der Bereich der Beratung wegen seiner Bedeutung teilweise an den Assistenten der Geschäftsleitung übertragen werden.

Da aufgrund der Kostenlage Neueinstellungen nicht auf der Tagesordnung stehen, muss der erste Vorschlag zunächst verschoben werden. Dieser Vorschlag hat also ein negatives Vorzeichen, während die anderen mit unbestimmt oder sogar positiv bewertet werden.

Ergebnisniveaus

Für die Vorschläge, die weiterhin bearbeitet werden sollen, werden in einem nächsten Schritt so genannte Ergebnisniveaus erarbeitet. Das bedeutet: Es wird für jede Aufgabeneinheit ein Wunsch-Niveau (3), ein Ist-Niveau (2) und ein Minimum-Niveau (1) festgelegt. Die drei Ergebnisniveaus werden der Einfachheit halber mit 3, 2 und 1 bezeichnet. Dies wird am Beispiel der Externalisierung der Archivarbeiten deutlich. Bei einem Wunschergebnis-Niveau wird erwartet, dass sich die Kosten-Nutzen-Relation um einen Prozentsatz von

20 % im Vergleich zum Vorjahr verbessert. Beim Ist-Niveau bleibt die derzeitige Kosten-Nutzen-Relation erhalten. Beim Funktionsminimum wird gerade die allernötigste Arbeit erledigt, damit diese Aufgabeneinheit nicht völlig zusammenbricht, der entsprechende Mitarbeiter nicht unter einem Berg Akten erstickt. Die Erhaltung des Funktionsminimums ist für einen geordneten Geschäftsbetrieb zwingend notwendig.

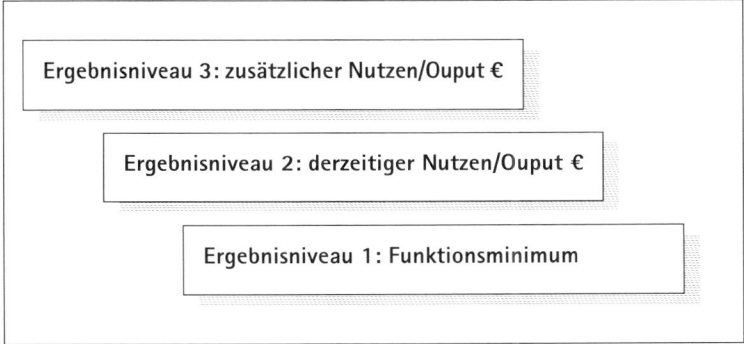

Ergebnisniveau 3: zusätzlicher Nutzen/Ouput €

Ergebnisniveau 2: derzeitiger Nutzen/Ouput €

Ergebnisniveau 1: Funktionsminimum

Abb. 20: Unterschiedliche Ergebnisniveaus

Für alle Ergebnisniveaus werden die jeweils wirtschaftlichsten Verfahren und Arbeitstechniken festgelegt, mit denen sie erbracht werden können. Gleichzeitig wird nach Ursachen für unwirtschaftliches Vorgehen gesucht. Die Ursachen für die Unwirtschaftlichkeit können nicht in den Leistungen und Arbeitsergebnissen liegen, sondern in den unzweckmäßigen Arbeitsabläufen, Arbeitsmitteln und Systemen.

Festlegung Verfahren, Arbeitstechniken

Nachdem die Ergebnisniveaus festgelegt wurden und die wirtschaftlichsten Verfahren und Arbeitstechniken zugeordnet wurden, erstellt ein Team eine Prioritätenliste der Maßnahmen.

Prioritätenliste

Aufgrund dieser Analyse entscheiden die Verantwortlichen, welche Alternative, also Ergebnisniveau 1, 2 oder 3, realisiert werden soll. Dabei ist wichtig, dass nur Alternativen ausgewählt werden, die unter Mitwirkung aller Betroffenen erarbeitet wurden und somit

Entscheidung über Ergebnisniveaus und Prioritätensetzung

143

eine hohe Akzeptanz sichern. Des Weiteren entscheiden die Verantwortlichen, welche Maßnahme wie priorisiert wird.

Die Entscheidungsvorlagen müssen mit besonderer Sorgfalt aufbereitet werden. Das ZBB-Team sollte viel Mühe auf die detaillierte Darstellung, Bewertung und Prioritätensetzung verwenden.

Training: Wie läuft die Analysephase ab?
Beschreiben Sie in der zeitlichen Reihenfolge den Ablauf der Analysephase.

Lösung zum Training:
Der Ablauf der Analysephase ist wie folgt:

1. Es werden Aufgaben- und Entscheidungseinheiten gebildet.

2. Es werden den Aufgabenbereichen Zeit und Kosten zugeordnet.

3. Es werden die kostentreibenden Faktoren analysiert.

4. Es wird im Team nach Ideen gesucht, den Leistungserstellungsprozess zu verbessern. Dabei geht es nicht bloß um Kostensenkung, sondern vor allem um eine Verbesserung der Kosten-Nutzen-Relation.

5. Das Team prüft mithilfe einer Bewertungsmatrix alle Verbesserungsvorschläge.

6. Für alle Vorschläge, die weiter bearbeitet werden sollen, werden Ergebnisniveaus erarbeitet. Zugleich wird nach Ursachen für unwirtschaftliches Vorgehen gesucht, wobei die Analyse sich auf unzweckmäßige Arbeitsabläufe, Arbeitsmittel und Systeme konzentriert.

7. Für alle Ergebnisniveaus werden die jeweils wirtschaftlichsten Verfahren und Arbeitstechniken festgelegt, mit denen sie erbracht werden können.

8. Es wird vom Team eine Prioritätenliste der Maßnahmen erstellt.

9. Die Verantwortlichen entscheiden, welches Ergebnisniveau realisiert werden soll und welche Priorität die einzelnen Maßnahmen haben.

Umsetzungsphase

Nachdem Ideen gesammelt und ein Fahrplan erstellt wurde, folgen die Taten. Die Umsetzungsphase ist die dritte Phase im ZBB. Ausgangspunkt ist die auf der oben genannten Prioritätensetzung aufsetzende **Budgetschnittlinie**. Sie bestimmt, welche Entscheidungen mit Blick auf die verfügbaren Mittel realisiert werden können.

Budgetschnittlinie

Dabei ist weniger wichtig, ob die Geschäftsführung oder ein Mitarbeiter direkt verantwortlich zeichnet. Wichtig ist vielmehr, dass ein angemessenes Verhältnis zwischen Kosten und Leistung erreicht wird. Dabei konkurriert der Wunsch nach Kosteneinsparungen mit dem Wunsch nach Leistungssteigerungen.

Grundsätzlich erfordert die Möglichkeit der Ressourcenverteilung durch einen ZBB-Prozess von der Führung erhebliches „Fingerspitzengefühl". Denn mit dem Budgetschnitt wird festgelegt, in welchen Bereichen künftig wie viele Mitarbeiter arbeiten (wenn neue eingestellt werden) oder wie viel die bisherigen Mitarbeiter zu tun haben. Weiterhin wird darüber entschieden, mit welchen Mitteln bestimmte Ergebnisniveaus erreicht werden sollen.

Konsequenzen der Budgetschnittlinie

Diese Feinabstimmung erfordert im Rahmen einer detaillierten Maßnahmenplanung, dass die beschlossenen Budgetschnitte in die Tat umgesetzt werden. Folgende Ergebnisse sollten sichtbar werden:

detaillierte Maßnahmenplanung

- überarbeiteter personeller Maßnahmenplan einschließlich einer Behandlung der speziellen Problemfälle

- abgestimmter sachlicher Maßnahmenplan

- überarbeitete Projektliste mit neuen Prioritäten und Realisierungsterminen

- veränderte Organisationsstruktur entsprechend dem Leistungsumfang und den Technologieerfordernissen

- Identifikation der mengenabhängigen und -unabhängigen Aktivitäten sowie der kostentreibenden Faktoren pro Aufgabeneinheit als Basis für eine nachhaltige Überwachung der Gemeinkosten

• detaillierte Angaben der Durchführungsverantwortlichen für Realisierungstermine, Realisierungsaufwand und Einsparungen pro Jahr

Ende der Umsetzungsphase Die Umsetzungsphase endet mit einem verabschiedeten Budget für die Folgeperiode. Ausgangspunkt ist die neue Ressourcenverteilung, wie sie der Budgetschnitt und die detaillierte Maßnahmenplanung festlegen. Darüber hinaus müssen im Budget auch diejenigen Kosten erfasst werden, die nicht Gegenstand des ZBB sind. Dazu zählen beispielsweise kalkulatorische Abschreibungen, Zinsen oder ähnliche Kosten, die nicht direkt beeinflussbar sind.

Check ✔

Kontroll-Check: Wie läuft die Umsetzungsphase ab?
1. Was wird unter einer Budgetschnittlinie verstanden?
2. Welche Konsequenzen hat ein Budgetschnitt?
3. Welche Ergebnisse sind bei einer detaillierten Maßnahmenplanung zu erreichen?
4. Womit endet die Umsetzungsphase?

Kontrollphase

Aufgabe der Kontrollphase Immer wieder werden in Unternehmen Projekte entworfen, angestoßen und umgesetzt. Nicht wenige bleiben jedoch auf den letzten Metern der Umsetzung auf der Strecke.

So nützt es zum Beispiel nichts, wenn in der Presseabteilung eine neue Software eingeführt wird, die Herr Müller nicht nutzt. Oder wenn Herr Müller weiterhin Aufgaben ausführt, die er eigentlich abgeben sollte. Die Kontrollphase soll dies verhindern. Sie dient der Überwachung der Maßnahmenrealisierung. Bei Abweichungen vom Plan müssen entsprechende Gegenmaßnahmen ergriffen werden. Die Kontrollaufgaben kann jeweils ein Mitarbeiter in der Abteilung wahrnehmen.

In der folgenden Tabelle werden die Vor- und Nachteile des Zero-Base-Budgeting zusammengefasst:

Vorteile des ZBB	Nachteile des ZBB
• ZBB kann in allen Gemeinkostenbereichen sowohl für Routinearbeiten als auch für innovative Aufgaben eingesetzt werden	• Erhebliche Beanspruchung von Mitarbeitern
• ZBB ist gut strukturiert und transparent	• Hoher Zeitaufwand für die Durchführung der Untersuchung
• Fortwährende Bewertung von Tätigkeiten	• Widerstände der Mitarbeiter in den zu untersuchenden Abteilungen
• Verdeutlichung überflüssiger Tätigkeiten	• Rationalisierungseffekte, die sich aus Synergien ergeben, bleiben unberücksichtigt
• Übertragung des Wirtschaftlichkeitsstrebens in nicht ertragsorientierte Bereiche	
• Gründliche Überprüfung von Tätigkeiten und Erfahrungen aus früheren Perioden	
• Systematische Untersuchung von alternativen Wegen zur Zielerreichung	

Kontroll-Check: Aufgaben der Kontrollphase und Vor- und Nachteile des ZBB?   Check

1. Welche Aufgabe hat die Kontrollphase?
2. Nennen Sie je zwei für die Praxis relevante Vor- und Nachteile des ZBB.

Durchführung der Zielkostenrechnung (Target Costing)

Die Kernidee der Zielkostenrechnung ist relativ einfach, die Umsetzung im Detail allerdings häufig kompliziert. Das liegt u. a. daran, dass die Zielkostenrechnung alle Stufen des Produktlebenszyklus durchzieht – von der Entwicklung über die Produktion und Vermarktung bis hin zur Aussonderung eines Produktes.

Idee der Zielkostenrechnung

Die Zielkosten haben dabei in allen Phasen eine hohe Verbindlichkeit und wirken in alle betrieblichen Funktionsbereiche hinein.

147

Obwohl die Zielkostenrechnung das klare Ziel hat, Kosten in einer frühen Phase der Entstehung zu verringern, und das auch zunächst jedem einsichtig erscheint, ist es in vielen Unternehmen noch kein selbstverständlich gelebtes Leitmotiv.

Bestimmung der Zielkosten

Die Bestimmung der Kosten beginnt im Markt bei den Kunden. Ohne zu wissen, wie viel Kunden für ein Produkt zu zahlen bereit sind, können Sie keine Zielkosten ermitteln. Doch wie kommen Sie zu diesen Kosten?

Informations-
ermittlung

Der erste Schritt des marktorientierten Zielkostenmanagements besteht im Sammeln, Analysieren und Aufbereiten von Daten über ein Produkt und dessen Entstehung, sowie über Konkurrenten und deren Marktverhalten. Zur Informationsermittlung können dabei alle traditionellen Instrumente der Marktforschung genutzt werden:

- Paneluntersuchungen
- Portfolioanalysen
- Aktive Kundenbesuche
- Vertriebsbefragungen
- Planung und Auswertung von Messebesuchen
- Marktstudien
- Produkttests
- Interne und externe Datenbanken
- Analyse der Angebotsverläufe
- Patentrecherchen
- Wettbewerbsanalysen
- ...

Methoden der
Zielkostenbe-
stimmung

Um die Daten für die Zielkostenrechnung verwenden zu können, müssen sie weiter verdichtet werden. Es sollte beispielsweise eine Prognose bezüglich der absetzbaren Stückzahlen erstellt werden. Ebenso wichtig sind Szenarien für unterschiedliche zu erwartende

Marktentwicklungen. Es gibt fünf Möglichkeiten der Zielkostenbestimmung. Je nach den verwendeten Verfahren ergeben sich andere Anforderungen an Qualität und Aufbereitung der Daten.

Die erste Möglichkeit besteht in der so genannten **„Market into Company"-Methode**. Dabei handelt es sich um die Reinform der Zielkostenrechnung. Sie beschreibt, dass die Zielkosten direkt aus den am Markt erzielbaren Preisen und der Gewinnplanung ermittelt werden. Es handelt sich hier um die „vom Markt erlaubten Kosten" (allowable costs).

„Market into Company"-Methode

Die zweite Möglichkeit stellt die **„Out of Competitor"-Methode** dar. Hier werden die Zielkosten aus den Kosten der Konkurrenz abgeleitet. Diese Form der Zielkostenableitung eignet sich nur, wenn ein relativ detaillierter Nachvollzug von Kostenstrukturen des Konkurrenzprodukts möglich ist.

„Out of Competitor"-Methode

Die dritte Möglichkeit ist die **„Out of Company"-Methode**, bei der die Zielkosten aus konstruktions- und fertigungstechnischen Faktoren in Abhängigkeit zu vorhandenen Fähigkeiten und Fertigkeiten abgeleitet werden. Eine solche Vorgehensweise bietet sich in einem technikdominierten Unternehmen an. Von Zielkostenrechnung kann aber nur gesprochen werden, wenn die Technologie sofort preis- und kostenseitig auf den Markt ausgerichtet wird.

„Out of Company"-Methode

Die vierte Möglichkeit bildet die **„Into and Out of Company"-Methode**. Diese Form darf nur am Rande zur Zielkostenrechnung gezählt werden, da hier bereits der strikte Marktbezug aufgeweicht ist. Die Methode eignet sich lediglich, wenn das gesamte Umfeld stabil und ruhig ist. Dies ist aber selten die Ausgangslage, in der sich Unternehmer mit der Zielkostenrechnung beschäftigen.

„Into and Out of Company"-Methode

Die letzte Möglichkeit ist die **„Out of Standard Costs"-Methode**. Hier werden die Zielkosten aufgrund vorhandener Fähigkeiten, vorhandener Erfahrungen und vorhandener Produktionsmöglichkeiten durch Senkungsabschläge aus den eigenen Standardkosten abgeleitet.

„Out of Standard Costs"-Methode

In der nachfolgenden Tabelle finden Sie die Verfahren übersichtlich dargestellt.

Arten der Zielkostenbestimmung	Ableitung aus	Marktorientierung	Einsatz für innovative Produkte	Einsatz für Standardprodukte
Market into Company	erzielbaren Marktpreisen	sichergestellt	empfehlenswert	möglich
Out of Company	konstruktions- und fertigungs-technischen Faktoren	möglich	möglich	möglich
Into and Out of Company	Marktpreisen und technischen Faktoren	möglich	möglich	möglich
Out of Competitor	Kosten der Konkurrenz	sichergestellt	nicht möglich	empfehlenswert
Out of Standard Costs	eigene Standardkosten	möglich	möglich	möglich

Check

Kontroll-Check Bestimmung von Zielkosten

1. Welche Instrumente der Marktforschung können Sie zur Gewinnung von Informationen über Produkte, Konkurrenten und deren Verhalten nutzen? Nennen Sie vier Instrumente.
2. Nennen und erläutern Sie die Möglichkeiten der Zielkostenbestimmung.

Ermittlung der erlaubten Kosten

erlaubte Kosten Nachdem Sie mithilfe einer der Methoden der Zielkostenbestimmung den am Markt erzielbaren Preis für Ihr Produkt festgelegt haben, ziehen Sie von den geplanten Umsätzen den geplanten Gewinn ab. Der Restbetrag – die erlaubten Kosten (allowable costs) – markiert die Kostenobergrenze. Dieser Zusammenhang ist in der folgenden Abbildung dargestellt:

Marktpreis	./.	geplanter Gewinn	=	vom Markt erlaubte Zielkosten

Abb. 21: Marktpreis als Determinante von Kosten

Da die vom Markt erlaubten Kosten häufig unter den bisherigen Standards für Produktentwicklungs- und Produktionskosten liegen, wird der Bedarf an Kostenreduktionen frühzeitig offen gelegt. Deren Realisierung gelingt umso besser, je früher die Zielvorgaben in die Produktentwicklung eingehen.

Zielkostenspaltung

Die Zielkostenspaltung stellt einen Zwischenschritt zwischen der Ermittlung und der Gestaltung von Kosten dar. Da die Zielkostenrechnung direkt an einem Produkt mit seinen vielen Eigenschaften ansetzt, ist es nicht hilfreich, alle Kosten von Beginn an dem Produkt zuzurechnen und von dort aus beeinflussen zu wollen. Sinnvollerweise nehmen Sie eine Zielkostenspaltung vor. Dies bedeutet, dass Sie die globalen, produktbezogenen Zielkosten aufspalten in Zielkosten für einzelne Produktmerkmale, -komponenten, produktnahe und produktferne Prozesse. Ebenfalls können Sie vorübergehend nicht beeinflussbare Kostenblöcke abtrennen.

Zielkostenspaltung

In der folgenden Tabelle werden die Kernfragen der Zielkostenspaltung aufgezeigt:

Kernfragen

Menü von Kernfragen der Ziel-kostenspaltung ...	... für einzelne ...
• Wie viel ist der Kunde bereit, dafür zu zahlen? • Zu welchem Kostenniveau wird der beste Wettbewerber in der Lage sein, anzubieten? • Welches Kostenniveau hat eine mögliche Vorbildfunktion? • Welches Kostenniveau hat das eigene Vorgängerprodukt?	• Produktmerkmale und -funktionen • Produktkomponenten und -teile • Material und produktnahe Prozesse (intern und Zulieferer) • produktferne Prozesse

Der methodische Schritt der Zielkostenabspaltung ist nicht ganz einfach, weil Sie normalerweise nicht über unmittelbar relevante Kosteninformationen für einzelne Produktbestandteile verfügen. Es existieren zwei Methoden der Zielkostenspaltung: die **Hauptkomponenten- und Funktionsmethode.**

151

Check ✓

Kontroll-Check I: Zielkostenspaltung
1. Was wird unter Zielkostenspaltung verstanden?
2. Nennen Sie drei Kernfragen der Zielkostenspaltung.

Hauptkomponentenmethode

Hauptkompo-
nentenmethode

Bei der Hauptkomponentenmethode werden die Produktzielkosten auf einzelne Produktkomponenten übertragen. Dafür wird eine bisher bewährte Struktur zugrunde gelegt. Es werden bisherige Kostenstrukturrelationen zwischen einzelnen Prozessen einfach fortgeschrieben. Ein Problem dieser Methode besteht aber darin, dass sich Kostenrationalisierungspotenziale in den einzelnen Prozessen ganz unterschiedlich entwickeln können – und eine einfache Fortschreibung genau dafür blind macht. Dennoch können die in der Tabelle dargestellten Gewichtungsfaktoren und Zielkosten zumindest eine Idee vermitteln, wie bei der Zielkostenspaltung vorgegangen werden kann, wenn keine anderen Verfahren bekannt sind.

Produktkomponenten	Gewichtungsfaktor	Zielkosten für einzelne Produktkomponenten
Luftwiderstand	0,27	21.600 €
Umweltfreundlichkeit	0,11	8.800 €
Gewicht	0,62	49.600 €

Durch die Zielkostenspaltung in Zielkosten für einzelne Produktkomponenten lassen sich Rationalisierungspotenziale sehr viel genauer ausmachen. Neben der Hauptkomponentenmethode gibt es einen zweiten Ansatz, die so genannte „Funktionsmethode" der Zielkostenspaltung, der noch direkter an der ursprünglichen Zielsetzung der Marktorientierung liegt.

Funktionsmethode

Funktionsme-
thode

Einen marktorientierteren Weg der Zielkostenspaltung verfolgt die Funktionsmethode. Ihre Ausgangsfrage lautet: Was definiert der aktuelle oder potenzielle Kunde als Leistungseigenschaft eines Produktes? Dies könnten Eigenschaften wie Qualität, Prestige, Lebensdauer oder innovative Technik sein.

In einer Zielkosten-Kontrollmatrix werden diesen Eigenschaften ein bestimmter Kostenanteil sowie der Kundennutzen des Produktes (ermittelt durch Umfragen) gegenübergestellt. Beide Werte können in einem so genannten Zielkosten-Kontrolldiagramm dargestellt werden, der relative Kostenanteil auf der Vertikalen und der Kundennutzen als Teilgewichtung auf der Horizontalen.

Wenn Sie jetzt im Diagramm eine 45°-Diagonale zeichnen, so repräsentiert diese eine Ideallinie, was einem ausgewogenen Verhältnis von Kundennutzen und Kostenverursachung entspricht. Teilen Sie den gewichteten Kundennutzen durch den Kostenanteil, so erhalten Sie einen Zielkostenindex für jede Komponente des Produktes.

Eine Abweichung vom Idealwert 1 zeigt an, ob relativ zum Kundennutzen zu hohe Kosten für die Komponenten eingesetzt werden bzw. der mit den Kosten erzeugte Kundennutzen unbefriedigend niedrig ist. Hier können Sie dann gezielt Maßnahmen zur Kundennutzensteigerung oder Kostensenkung ergreifen.

Die Tabelle zeigt eine mögliche Zielkosten-Kontrollmatrix:

Zielkosten-Kontrollmatrix

Komponente	Kostenanteil % von 100	Kundennutzen % von 100	Zielkostenindex
Qualität	30	23	0,77
Prestige	10	17	1,70
Lebensdauer	40	34	0,85
Innovative Technik	20	26	1,30
Alle	100	100	–

Die Zielkosten-Kontrollmatrix kann in einem so genannten Zielkosten-Kontrolldiagramm grafisch dargestellt werden.

Zielkosten-Kontrolldiagramm

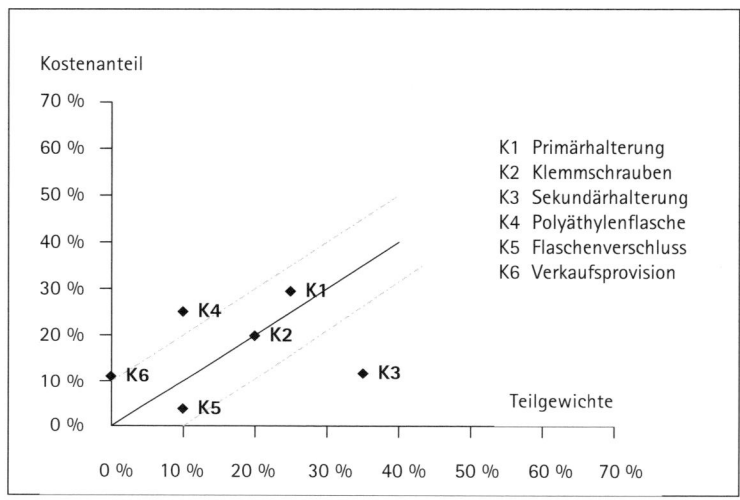

Abb. 22: Zielkosten-Kontrolldiagramm

Zielkostenzone Aus dem Kostendiagramm lässt sich eine Zielkostenzone ermitteln. Diese Zone lässt sich je nach Unternehmen individuell gestalten und bezeichnet die Zone, innerhalb derer man nicht unbedingt handeln muss; hier haben Sie also ein akzeptables Verhältnis von Kostenanteil und Kundennutzen. Erst außerhalb dieser Zone besteht unmittelbarer Handlungsbedarf. Die Zielkostenzone beinhaltet einen Toleranzbereich, d. h. eine Abweichung von der 45°-Linie um ca. 10 %. Derartige Berechnungen sind mittlerweile auch über EDV-Programme möglich.

Check ✓

Kontroll-Check II: Zielkostenspaltung
1. Nennen und erklären Sie die zwei Methoden der Zielkostenspaltung.
2. Was ist eine Zielkosten-Kontrollmatrix?
3. Was ist ein Zielkosten-Kontrolldiagramm?

Welches Benchmarking ist das richtige?

Inhaltlich können Benchmarks sehr unterschiedlich sein. Die Praxis verwendet sowohl monetäre als auch nicht-monetäre Benchmarks.

Beispiel: Monetäre und nicht-monetäre Kennzahlen

Monetäre Kennzahlen	Nicht-monetäre Kennzahlen
• Prozesskosten	• Lagerumschlagshäufigkeit
• Umsatzrentabilität	• Kapitalumschlagshäufigkeit
• Gesamtkapitalrentabilität	• Durchlaufzeiten
• Cashflow	• Anzahl Reklamationen
• Umsatz je Beschäftigtem	• Anzahl Produktionsfehler
• Rohgewinn je Beschäftigtem	• Beschaffungszeit

Arten des Benchmarking

Benchmarking kann nach verschiedenen Merkmalen unterschieden werden, beispielsweise nach:

• Benchmarking-Objekt: Prozess- oder Produkt-Benchmarking

• Zeithorizont: strategisches, taktisches und operatives Benchmarking

• Zielsetzung: Qualitäts- und Kosten-Benchmarking

Die Unterscheidung nach dem Vergleichspartner ist in der Praxis weit verbreitet. Es wird unterschieden in:

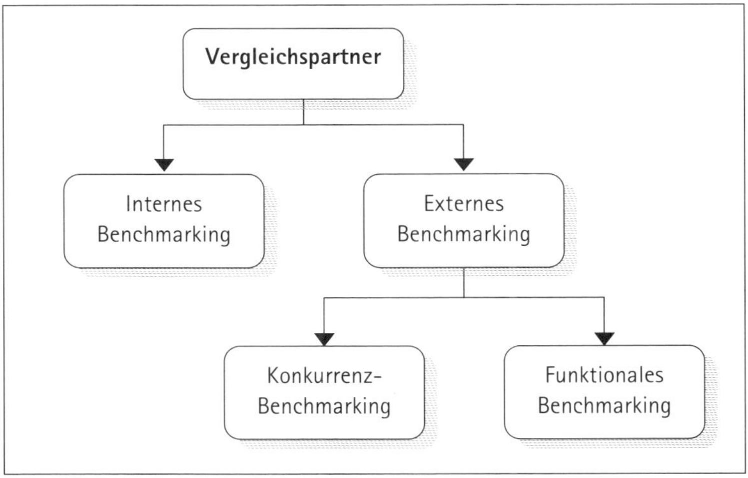

Abb. 23: Benchmarking-Arten nach dem Vergleichspartner

internes Benchmarking

Die Benchmarking-Objekte verschiedener Geschäftsbereiche eines Unternehmens werden beim **internen Benchmarking** miteinander verglichen. Damit kann aufgedeckt werden, dass es innerhalb einer Organisation trotz gleicher Arbeitsanweisungen und Richtlinien Unterschiede in den Arbeitsprozessen und Ergebnissen gibt. In einem Bereich der Organisation können bestehende Arbeitsprozesse effizienter als in einem anderen Bereich ausgeführt werden. Aufgrund der Transparenz der Leistungsunterschiede wird es möglich, den Leistungsstandard der gesamten Organisation anzuheben.

externes Benchmarking

Prozesse, Arbeitsabläufe oder andere Benchmarking-Objekte des eigenen Unternehmens werden beim externen Benchmarking mit denen anderer Unternehmen verglichen. Es wird hierbei unterschieden, ob es sich bei den fremden Unternehmen um direkte Konkurrenten oder branchenfremde Unternehmen handelt. Handelt es sich um einen direkten Konkurrenten, dann spricht man von Konkurrenz-Benchmarking, im Fall eines branchenfremden Unternehmens von funktionalem Benchmarking.

Konkurrenz-Benchmarking

Das Konkurrenz-Benchmarking nimmt eine Sonderstellung ein, weil das eigene Unternehmen in Relation zu einem Wettbewerber gesetzt wird. Dadurch ist es möglich, die relative Marktposition des eigenen Unternehmens im Vergleich zu einem Wettbewerber zu ermitteln und somit Transparenz über die eigene Stellung am Markt zu erhalten. Der Lernerfolg aus dem Konkurrenz-Benchmarking ist in vielen Fällen nicht optimal, weil die Konkurrenten in der Regel in vielen Bereichen keine Bestleistungen erbringen. Dessen ungeachtet ist das Konkurrenz-Benchmarking ein wichtiges Instrument zur Ermittlung der Positionierung des eigenen Unternehmens.

funktionales Benchmarking

Ein Ziel des Benchmarking sollte sein, von den „Weltbesten" zu lernen. Es kann nicht Ziel eines Unternehmens sein, so gut wie die Konkurrenten zu sein, sondern das Ziel ist, besser zu sein als die Konkurrenten. Das ist aber nicht genug. Das Ziel eines Unternehmens sollte sein „Weltbester" zu werden. Zur Erreichung dieses Zieles eignet sich besonders das funktionale Benchmarking. Es vergleicht die eigenen Abläufe mit denen branchenfremder Unternehmen. Dadurch kann es ermöglicht werden, Leistungssprünge zu erreichen, die mit Konkurrenz-Benchmarking oder internem Benchmarking nicht zu erzielen sind.

Leistungssprünge sind besonders durch die Übertragung überlegener Vorgehensweisen bzw. Prozesse von branchenfremden Unternehmen auf das eigene Unternehmen zu erwarten. So kann ein Anlagenbauer beispielsweise von einem Logistikspezialisten lernen, wie Beschaffungsprozesse einfacher, effizienter und kostengünstiger gestaltet werden können. Der Zwang zum Durchdenken der eigenen Prozesse und die Offenheit für eine andere und bessere Prozessorganisation sind für das funktionale Benchmarking kennzeichnend.

Die Benchmarking-Arten können wie folgt bewertet werden:

Art	Vorteile	Nachteile
Internes Benchmarking	• schnelle und einfache Datenerfassung • geringe Kosten • erhöhte Akzeptanz durch Einbindung der Mitarbeiter • Minimierung von Missverständnissen durch einheitlichen Sprachgebrauch	• Behinderung des Benchmarking-Prozesses aufgrund der Konkurrenz zwischen den Unternehmensbereichen • Gefahr der Betriebsblindheit
Konkurrenz-Benchmarking	• vergleichbare Prozesse und Produkte • Vergleich zu den Konkurrenten • Relevanz der Informationen für das eigene Unternehmen	• häufig fehlende Vergleichspartner • große Probleme bei der Informationsbeschaffung • Branchenblindheit
Funktionales Benchmarking	• hohes Potenzial, neue Lösungen zu finden • große Leistungssprünge sind möglich • offener Informationsaustausch, da kein Konkurrenzverhältnis besteht	• Probleme bei der Anpassung an das eigene Unternehmen • hoher Zeitaufwand • Vergleichbarkeit der Prozesse und Produkte häufig nicht vorhanden

Check ✓

Komtroll-Check: Welche Möglichkeiten des Benchmarking gibt es?

1. Nennen Sie je drei monetäre und nicht-monetäre Kennzahlen.
2. Nennen und erklären Sie die Benchmarking-Arten nach dem Vergleichspartner.
3. Nennen Sie je zwei Vor- und Nachteile des funktionalen Benchmarking.

Zusammenfassung: Wie Sie Maßnahmen planen und beurteilen

1. Ausgangspunkt des Zero-Base-Budgeting (ZBB) ist nicht das Budget des Vorjahres, sondern das des nächsten Jahres, unabhängig von dem Vorjahresbudget. Es wird zunächst alles infrage gestellt.

   Der Vorteil liegt darin, dass alte Denkstrukturen aufgedeckt und beseitigt werden können. Die Durchführung des ZBB erfolgt in vier Phasen: Vorbereitungs-, Analyse-, Umsetzungs- und Kontrollphase.

   In der Vorbereitungsphase werden die Zielsetzungen festgelegt und das ZBB-Team zusammengestellt. Alle Mitarbeiter werden gründlich eingewiesen und geschult, damit ein ZBB-Teamgeist entsteht.

   In der Analysephase werden zunächst Aufgabenbereiche in Aufgabeneinheiten zerlegt. Im Anschluss daran wird ermittelt, wie viel Zeit für welche Tätigkeiten verwendet wird und welche Kosten für die Leistungen anfallen.

   Danach beginnt die gemeinsame Ideenfindung, um Veränderungsmöglichkeiten aufzudecken. Es geht dabei nicht nur um Kostensenkungen, sondern um die Verbesserung der Kosten-Nutzen-Relation. Alle Veränderungsvorschläge werden mithilfe einer Bewertungsmatrix bezüglich Kosten und Nutzen beurteilt.

   In einem nächsten Schritt werden so genannte Ergebnisniveaus erarbeitet. Für alle Ergebnisniveaus werden die wirtschaftlichsten Verfahren festgelegt und zugleich nach Ursachen für Unwirtschaftlichkeiten gesucht. Auf Basis dieser Analyse entscheiden die Verantwortlichen, welche Alternative realisiert werden soll.

	Ausgangspunkt der Umsetzungsphase ist die auf der Prioritätensetzung aufsetzende Budgetschnittlinie. Die Budgetschnittlinie bestimmt, welche Entscheidungen unter Berücksichtigung der verfügbaren Mittel realisiert werden können. Im Anschluss daran ist eine detaillierte Maßnahmenplanung durchzuführen. Die Umsetzungsphase endet mit einem verabschiedeten Budget für das Folgejahr. In der Kontrollphase wird die Realisierung der Maßnahmen überwacht. Bei Abweichungen vom Plan werden geeignete Gegenmaßnahmen ergriffen.
2.	Die Zielkostenrechnung durchzieht alle Stufen des Produktlebenszyklus. Kosten werden schon in der Phase der Entstehung des Produktes beeinflusst. Es gibt fünf Möglichkeiten der Zielkostenbestimmung: 1. "Market into Company"-Methode 2. "Out of Competitor"-Methode 3. "Out of Company"-Methode 4. "Into and Out of Company"-Methode 5. "Out of Standard Costs"-Methode Nach der Ermittlung des am Markt erzielbaren Preises wird vom geplanten Umsatz der geplante Gewinn subtrahiert; das Ergebnis sind die erlaubten Kosten (allowable costs). Von den erlaubten Kosten werden die Standardkosten des Produktes abgezogen. Liegen die Standardkosten über den erlaubten Kosten, wird der Bedarf an Kostenreduktion offensichtlich. Da eine globale Kostenbeeinflussung nicht zielführend ist, wird eine Zielkostenspaltung durchgeführt. Es existieren zwei Methoden der Zielkostenspaltung: 1. Hauptkomponentenmethode 2. Funktionsmethode
3.	Benchmarks können inhaltlich sehr unterschiedlich sein. Die Unterscheidung nach Vergleichspartnern ist in der Praxis weit verbreitet. Dabei wird unterschieden in internes und externes Benchmarking, wobei das externe Benchmarking in Konkurrenz-Benchmarking und funktionales Benchmarking unterteilt wird.

4.3   Umsetzung des Kostenmanagements in die Praxis

In diesem Kapitel wird die Umsetzung der dargestellten Instrumente und Verfahren des Kostenmanagements in die betriebliche Praxis an Fallbeispielen erläutert.

Fallbeispiel Zero-Base-Budgeting

Es wird im Folgenden dargestellt, wie ein Unternehmen zum ersten Mal ein ZBB durchführt. Dem Geschäftsführer des Unternehmens, Herrn Hartmann, ist seit einiger Zeit klar, dass mit der Kostensituation seines Unternehmens „etwas passieren" muss. Gleichzeitig weiß er, dass er den internationalen Absatz weiter vorantreiben muss und hierfür sowohl weitere Mitarbeiter benötigt werden als auch, dass die einzelnen Leistungen innerhalb des Betriebes einer strengen Prüfung unterzogen werden müssen. Er beauftragt deshalb Herrn Martens, den Leiter des Rechnungswesens, ein Zero-Base-Budgeting durchzuführen, da er einmal grundsätzlich neu budgetieren möchte. Da er Herrn Martens vertraut, lässt er sich das Vorgehen schildern und schaut sich nach Ablauf des Projektes dazu das Protokoll an.

Im Vorfeld wurden Gespräche mit Unternehmensberatern geführt und es hat sich ergeben, dass ZBB als wirksame Methode bekannt ist, den angestrebten Erfolg (Senkung der Gemeinkosten und Umverteilung der Ressourcen) am schnellsten und mit geringstem Aufwand zu erreichen.

Da die Geschäftsführung den Auftrag gegeben hatte und einen stark ausgeprägten kooperativen Führungsstil hat, waren alle Mitarbeiter davon überzeugt, dass ZBB der methodisch richtige Ansatz war und maßgeschneidert auf die speziellen Bedürfnisse ausgerichtet werden konnte. Deshalb wurde Anfang März endgültig entschieden, ein ZBB durchzuführen.

Es wurden Projektteams gebildet, bestehend aus jeweils einem Berater und vier für die Projektdauer „fulltime" freigestellten Mitarbeitern. Da das ZBB das gesamte Unternehmen umfassen sollte, waren dies ein Mitarbeiter aus der Produktion, einer aus dem Marketing, einer aus der Finanzbuchhaltung und einer aus der Kostenrechnung. Die enge Kooperation zwischen Beratern und Mitarbeitern erwies sich als zwingend notwendig, um die breit angelegte Erfahrung des Beraters mit den speziellen Kenntnissen der langjährigen Mitarbeiter zu verschmelzen. Für die einzelnen Wochen im ZBB-Prozess ergab sich folgendes Protokoll:

1. Woche:

Die Unternehmensaktivitäten wurden in Aufgabeneinheiten aufgeteilt. Viele Fragen waren dabei zu lösen. Wie viele Aufgabeneinheiten sollen gebildet werden? Wie sollen sie definiert werden? Wie sind sie abzugrenzen? Sollen wir uns auf zukünftige oder gegenwärtige Aktivitäten konzentrieren? Die Entscheidung fiel dafür, sich an der bestehenden Organisation anzulehnen und für jeden Bereich nach folgenden einheitlichen Kriterien zu entscheiden:

Bildung von Aufgabeneinheiten

- jede Aufgabeneinheit muss unabhängig von der benachbarten definiert sein,
- keine Zielüberschneidungen.

Nach der ersten Woche war ein Überblick über die Gesamtzahl der Aufgabeneinheiten gegeben. Insgesamt ergaben sich im gesamten Unternehmen 32 Aufgabeneinheiten.

2. Woche:

Die Teammitglieder sollten Aufgaben und Zielsetzungen der Aufgabeneinheiten in ihrer Abteilung so beschreiben, dass ein unternehmensfremder Fachmann genau erkennen kann, wozu die Einheit im Unternehmen gebraucht wird. Alle wussten eigentlich genau, was sie tun, es aber jetzt aufzuschreiben war gar nicht so einfach. Häufig kam die Frage auf: Was ist das konkrete Ziel meiner Arbeit und in welchem Verhältnis steht es zum Unternehmensziel?

Aufgaben und Zielsetzungen der Aufgabeneinheiten

Eine Hilfestellung konnte hier von Herrn Martens erfolgen, der die Unternehmensziele genau kennt und quantifizieren konnte (beispielsweise welche Produkte sollen für welche Märkte für welche

Zielpyramide

Regionen in welcher Höhe produziert werden?). Diese Ziele bestanden zwar bei den meisten Mitarbeitern bereits im Kopf, waren aber nicht schriftlich fixiert. Aus diesen Unternehmenszielen wurde nun eine Zielpyramide erstellt.

3. Woche:

Beschreibung
der Aufgaben
und Ziele der
Aufgabenein-
heiten durch
Abteilungsleiter

Die Abteilungsleiter beschrieben aufgrund der ihnen vorgegebenen Ziele die Aufgaben und Ziele ihrer Aufgabeneinheiten. Hierzu wurde ein Brainstorming eingesetzt – für jeden Bereich gesondert, bis spät in die Nacht. Einzige Spielregel: Alles ist denkbar, alles ist zulässig, nur keine voreilige Kritik.

4. Woche:

Ergebnisniveaus

Ergebnisniveaus mussten festgelegt werden. Es ist nicht leicht, sich vorzustellen, ob ein bestimmtes Niveau auch mit einer geringeren Qualität erbracht werden kann. In der Regel werden bessere Leistungsergebnisse gefordert – aber schlechtere?

Die Vorgabe lautete: „Stellen Sie sich vor, dem Unternehmen ginge es so schlecht, dass Sie nur noch 60 % Ihres bisherigen Budgetvolumens erhielten. Wie organisieren Sie Ihre Arbeit und welches Niveau können Sie damit gerade noch halten? Inwieweit ändert sich Ihr ursprüngliches Abteilungsziel?" Auch die Gegenfrage wurde gestellt: „Wenn mehr Mittel zur Verfügung stünden, welches Niveau wäre zu erreichen?" Es wurden recht schnell mehrere Alternativen für einzelne Aufgabeneinheiten entwickelt.

5. Woche:

Plausibilitäts-
prüfungen

Die bisherigen Vorschläge wurden kritisch durchgearbeitet und auf Plausibilität geprüft. Es wurden Formulierungen abgeändert, Alternativen bewertet, Kosten geschätzt. Die Mitarbeiter wurden zum ersten Mal in ihrem Leben mit der Rangordnungs-Problematik konfrontiert: „Welchen der Ihnen vorliegenden Vorschläge halten Sie im Hinblick auf die Zielsetzungen Ihrer Abteilung für den wichtigsten, welcher folgt dann und welcher ist am geringsten zu bewerten?"

Bildung einer
Rangordnung

Es konkurrierten viele Vorschläge des geringsten Niveaus um den ersten Platz: zum Beispiel die einfachste Form der Finanzbuchhaltung mit dem einfachsten Niveau des Marketing. Welche Priorität? Beides ist unerlässlich. Es wurde entschieden: Alle für die Funktion des Unternehmens absolut notwendigen Vorschläge mit dem Entscheidungsniveau 3 kommen gemeinsam ohne Rangordnung zur Geschäftsleitung. Aber ansonsten gibt es kein Pardon und es muss eine nachvollziehbare Rangordnung gebildet werden.

Die Abteilungsleiter erstellten eine Liste mit der Rangordnung der ihnen zugeordneten Vorschläge, und zwar unter Angabe der jeweils notwendigen Mitarbeiter, Kosten und Investitionen. Dabei zeigte sich für fast alle Bereiche, dass mehr Mitarbeiter nötig sind.

Abteilungsleiter erstellen Rangordnung

6. Woche:

Das Zusammenfügen der Vorschläge nach Prioritäten bereitete noch Schwierigkeiten. „Was ist wichtiger? Das Ergebnisniveau 2 der EDV-Buchhaltung (43.000 €) oder das erste Niveau der zentralen Maschinenstelle in der Produktion (74.000 €) oder die dritte Stufe der Werbeplanung (12.000 €)?" Die Vorschläge waren noch nicht präzise genug durchgearbeitet und formuliert. Eine nochmalige intensive Bearbeitung war nötig.

Überarbeiten der Prioritätenliste

Der Rangordnungsprozess gestaltete sich in vielerlei Hinsicht als schwierig, vor allem, wenn es um das Abwägen von Kostenvorteilen bei gleichzeitigen Investitionserfordernissen ging. Konkret: Ist eine Kosteneinsparung in der Produktion durch eine neue Maschine in Höhe von 15.000 € bei einer durchschnittlichen Verkürzung der Angebotszeiten um fünf Tage höher zu bewerten als eine wöchentliche Materialbestandsrechnung durch eine neue Datenerfassung bei einer Investition in Höhe von 45.000 €?

Hier wurde es kritisch, denn war zu vermuten, dass zwischen diesen beiden Vorschlägen die Budgetschnittlinie fallen würde. Nach Abwägen der Konsequenzen fiel die Entscheidung letztlich zugunsten der schnelleren Angebotserstellung.

7. Woche:

Es trat Nervosität auf. Die Zusammenfassung aller Vorschläge hatte weder die Zahl der vorhandenen Mitarbeiter im Gemeinkostensektor ergeben, noch stimmte das Kostenvolumen: hier zuviel – dort

Kosten und Investitionen zusammenstellen

zuwenig. Der Fehler lag in Vorschlägen, die bereichsübergreifende Projekte beschrieben (etwa die Einführung einer einheitlichen Normung und Typisierung). Zwei Tage gingen verloren. Nochmaliger Check, Zusammenstellung aller Kosten und Investitionen. Wie hoch ist die Gesamtsumme der Kosten? Endlich: 10,2 Millionen € und Investitionserfordernisse in Höhe von 1,25 Millionen €.

Entscheidung, was realisiert werden soll

Die Analyse der Vorschläge hat sich in erster Linie auf die zehn Prozent über und unter der Schnittlinie konzentriert. Dann wurde entschieden, was realisiert und was später wieder vorgelegt werden soll. Zum Beispiel wurden Auftragsabwicklung und Warenannahme ins niedrigste Leistungsniveau eingestuft, um auf der anderen Seite 430.000 € für das höchste Leistungsniveau in Qualitätskontrolle, Marketing, Kostenrechnung und Unternehmensplanung zur Verfügung zu haben.

Insgesamt mussten zwei Mitarbeiter im Gemeinkostensektor eine zum Teil wesentliche Veränderung ihrer Aufgabenstellung in Kauf nehmen, 21 % des ursprünglichen Gemeinkostenbudgets wurden auf andere Bereiche umverteilt und den strategisch relevanten Aufgaben zugeordnet.

Das Fazit: „ZBB hat uns einen wesentlichen Schritt auf dem Weg zu einer umfassenden Stellenbeschreibung weitergebracht. Wir werden nun auch mit dem Mitarbeiter-Beurteilungssystem zügig vorankommen. Ich habe viele Mitarbeiter durch die intensive Zusammenarbeit der letzten sechs Wochen besser kennen gelernt", so urteilte Herr Martens. Und das strategische Ziel lässt sich so für die Zukunft wahrscheinlich besser erreichen.

Check ✔

Kontroll-Check: ZBB in der Praxis

1. Welche Tätigkeiten wurden während des ZBB-Prozesses durchgeführt?
2. Welche Vorteile waren mit der Durchführung des ZBB verbunden?

Fallbeispiel Zielkostenrechnung (Target Costing)

Der erste Schritt des marktorientierten Zielkostenmanagements besteht im Sammeln, Analysieren und Aufbereiten von Daten über ein Produkt und dessen Entstehung sowie über Konkurrenten und deren Marktverhalten. Zur Informationsbeschaffung können dabei alle traditionellen Instrumente der Marktforschung genutzt werden. Ausgangspunkt der Vorgehensweise ist immer die Fragestellung: Was darf das Produkt kosten?

Erhebung und Aufbereitung von Daten

Die folgende Abbildung zeigt den Ablauf des Target Costing:

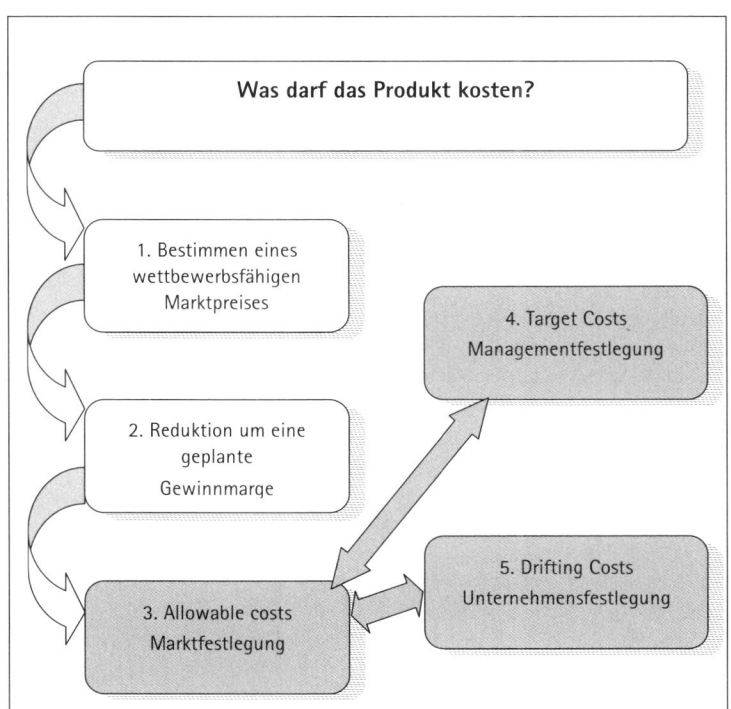

Abb. 24: Vorgehen beim Target Costing

Nachdem Sie mithilfe der Daten der Marktforschung den am Markt erzielbaren Preis für das Produkt festgelegt haben, subtrahieren Sie

Vorgehen beim Target Costing

165

im zweiten Schritt vom geplanten Stückumsatz den geplanten Gewinn. Der Restbetrag sind die sich im dritten Schritt ergebenden erlaubten Kosten (allowable costs). Der vierte und fünfte Schritt besteht in der Gegenüberstellung von allowable costs und drifting costs (Standardkosten) und der Festlegung der target costs für ein Produkt bzw. eine Dienstleistung. Da die summarische Bestimmung der auftauchenden Differenz für die systematische Analyse von Kostensenkungspotenzialen nicht hilfreich ist, wird die Kostenspaltung angewandt, indem das Produkt in seine Komponenten und Kostenanteile unterteilt wird.

Handlungsbedarf

Ein unmittelbarer Handlungsbedarf besteht für Sie in der Angleichung der drifting costs an die allowable costs. Erst wenn Sie durch Aufdeckung und Realisierung von Kosteneinsparungspotenzialen die allowable costs und drifting costs in Übereinstimmung gebracht haben, können Sie in der nächsten Phase versuchen, die marktfähigen allowable costs an die festgesetzten target costs anzunähern.

Training: Wie werden die erlaubten Kosten und das Einsparvolumen ermittelt?

Fallbeispiel: Es handelt sich um einen Produktionsbetrieb, der auf dem Fahrradzubehörmarkt tätig ist. Das Unternehmen plant, innovative Fahrrad-Getränkehalter auf den Markt zu bringen. Die marktfähigen Preise für drei verschiedene Fahrrad-Getränkehalter wurden auf dem Fahrradzubehörmarkt durch die Out-of-Competitor-Methode bestimmt. Da es sich um innovative Produkte handelt, kann diese Methode angewendet werden.

Die so bestimmten wettbewerbsfähigen Marktpreise liegen für „vergleichbare" Produkte bei 18,00 € (chrom), 8,00 € (dunkel) und 7,50 € (hell) einschließlich 16 % Umsatzsteuer. Es werden eine Bonusgewährung von 5 % und eine Skontogewährung in Höhe von 2 % des Nettolistenpreises vermutet. Der geplante Gewinn beträgt 10 % vom Nettolistenpreis ohne Bonus und Skonto. Dieser wird vom Nettolistenpreis ohne Bonus und Skonto abgezogen.

Das Ergebnis sind die erlaubten Kosten (allowable costs) für die „vergleichbaren" Produkte der Mitbewerber. Ihnen werden sowohl die drifting costs (Standardkosten) als auch die target costs (Zielkosten) gegenübergestellt.

In einer ersten Kostensenkungsphase geht es darum, die eigenen Selbstkosten (Standardkosten = drifting costs) den erlaubten Kosten, die aus den Preisen der Mitbewerber entwickelt wurden, anzunähern.

1. Welche Schritte sind bei der Realisierung des Target Costing durchzuführen?

2. Ermitteln Sie mithilfe der im Fallbeispiel angegeben Daten und der nachfolgenden Tabelle die erlaubten Kosten sowie das Einsparvolumen für die drei Produkte.

Target Costing

	chrom	dunkel	hell
Wettbewerbsfähiger Preis	18,00	8,00	7,50
./. Umsatzsteueranteil			
vermuteter Nettolistenpreis			
./. vermuteter Bonus			
Nettoliste ohne Bonus			
./. vermuteter Skonto			
Nettoliste ohne Skonto			
vermuteter Nettolistenpreis ohne Bonus und Skonto			
target profit/geplanter Gewinn			
allowable costs/erlaubte Kosten			
drifting costs	13,03	6,13	5,68
Einsparvolumen je Produkt			
target costs/Zielkosten je Produkt	12,00	5,00	4,60

3. Machen Sie einen Vorschlag, der zur Erreichung des Einsparvolumens beitragen könnte.

Lösung zum Training:
Zu Frage 1:

1. Schritt: Mithilfe der Daten der Marktforschung wird der am Markt erzielbare Preis für das Produkt festgelegt.

2. Schritt: Vom geplanten Stückumsatz wird der geplante Gewinn subtrahiert.

3. Schritt: Es werden die erlaubten Kosten (allowable costs) festgelegt. Die erlaubten Kosten ergeben sich als Restbetrag aus der Subtraktion des geplanten Gewinns von dem geplanten Stückumsatz.

4. Schritt: Die erlaubten Kosten werden den drifting costs gegenübergestellt und die target costs werden festgelegt.

5. Schritt: Es werden die drifting costs mithilfe von Kostensenkungsmaßnahmen den erlaubten Kosten angenähert.

6. Schritt: Erst wenn die drifting costs mit den erlaubten Kosten in Übereinstimmung gebracht wurden, werden in einem letzten Schritt die erlaubten Kosten den target costs angenähert.

Zu Frage 2:

Die erlaubten Kosten und das Einsparvolumen je Produkt werden wie folgt ermittelt:

Target Costing			
	chrom	dunkel	hell
Wettbewerbsfähiger Preis	18,00	8,00	7,50
./. Umsatzsteueranteil	2,48	1,10	1,03
vermuteter Nettolistenpreis	15,52	6,90	6,47
./. vermuteter Bonus	0,78	0,35	0,32
Nettoliste ohne Bonus	14,74	6,55	6,15
./. vermuteter Skonto	0,31	0,14	0,13
Nettoliste ohne Skonto	15,21	6,76	6,34
vermuteter Nettolistenpreis ohne Bonus und Skonto	14,43	6,41	6,02
target profit/geplanter Gewinn	1,44	0,64	0,60
allowable costs/erlaubte Kosten	12,99	5,77	5,42
drifting costs	13,03	6,13	5,68
Einsparvolumen je Produkt	0,04	0,36	0,26
target costs/Zielkosten je Produkt	12,00	5,00	4,60

Zu Frage 3:

Handelt es sich um relativ geringe Einsparvolumina, wie im vorliegenden Fall, könnten Verhandlungen mit Materiallieferanten sowie mit Zulieferern über Preissenkungen Erfolg versprechend sein. Des

Weiteren könnte es Erfolg versprechend sein, Prozessverbesserungen bei der Herstellung der Produkte zu realisieren.

Training: Wie wird das minimale und maximale Einsparvolumen ermittelt?

Fallbeispiel: Dem Fallbeispiel liegen die Daten aus dem vorherigen Training zugrunde. In der zweiten Kostensenkungsphase versuchen Sie, die erreichten erlaubten Kosten an die Zielvorgabe (target costs = Zielkosten) anzunähern. Dementsprechend können Sie das minimale und das maximale Einsparvolumen je Produkt bestimmen. Das minimale Einsparvolumen ergibt sich aus der Differenz der drifting costs und den erlaubten Kosten; das maximale Einsparvolumen aus der Differenz der drifting costs und den Zielkosten.

Ermitteln Sie mithilfe der Daten aus der folgenden Tabelle das minimale und maximale Einsparvolumen.

Target Costing

	chrom	dunkel	hell
Wettbewerbsfähiger Preis	18,00	8,00	7,50
./. Umsatzsteueranteil	2,48	1,10	1,03
vermuteter Nettolistenpreis	15,52	6,90	6,47
./. vermuteter Bonus	0,78	0,35	0,32
Nettoliste ohne Bonus	14,74	6,55	6,15
./. vermuteter Skonto	0,31	0,14	0,13
Nettoliste ohne Skonto	15,21	6,76	6,34
vermuteter Nettolistenpreis ohne Bonus und Skonto	14,43	6,41	6,02
target profit/geplanter Gewinn	1,44	0,64	0,60
allowable costs/erlaubte Kosten	12,99	5,77	5,42
drifting costs	13,03	6,13	5,68
Einsparvolumen je Produkt	0,04	0,36	0,26
target costs/Zielkosten je Produkt	12,00	5,00	4,60
minimales Einsparvolumen je Produkt			
maximales Einsparvolumen je Produkt			

Lösung zum Training:

Target Costing	chrom	dunkel	hell
Wettbewerbsfähiger Preis	18,00	8,00	7,50
./. Umsatzsteueranteil	2,48	1,10	1,03
vermuteter Nettolistenpreis	15,52	6,90	6,47
./. vermuteter Bonus	0,78	0,35	0,32
Nettoliste ohne Bonus	14,74	6,55	6,15
./. vermuteter Skonto	0,31	0,14	0,13
Nettoliste ohne Skonto	15,21	6,76	6,34
vermuteter Nettolistenpreis ohne Bonus und Skonto	14,43	6,41	6,02
target profit/geplanter Gewinn	1,44	0,64	0,60
allowable costs/erlaubte Kosten	12,99	5,77	5,42
drifting costs	13,03	6,13	5,68
Einsparvolumen je Produkt	0,04	0,36	0,26
target costs/Zielkosten je Produkt	12,00	5,00	4,60
minimales Einsparvolumen je Produkt	0,04	0,36	0,26
maximales Einsparvolumen je Produkt	1.03	1,13	1,08

Zielkostenspaltung

Zielkostenspaltung

Für beide Kostensenkungsphasen, die jeweils das minimale bzw. das maximale Einsparvolumen zu realisieren versuchen, ist die Feststellung der summarischen Differenz bei erheblichen Einsparvolumina nicht hilfreich. Daher wird im Rahmen des Target Costing eine Methodik angewendet, die ein Produkt oder eine Dienstleistung in seine Bestandteile aufspaltet und damit das Kostensenkungspotenzial einer Analyse zugänglich macht. Wegen dieser Vorgehensweise wird dieses Verfahren auch als Kostenspaltung bezeichnet.

Ermittlung von Teilgewichten

Markt- und Kundenorientierung

Nun sollten Sie durch Verhandlungen mit Zulieferern und durch konsequentes Kostenmanagement zumindest das minimale Einsparvolumen für die Produkte realisieren. Dabei kann beispielsweise eine konsequent durchgeführte Budgetierung wertvolle Hilfe leisten. In der Praxis sind die globalen Kostensenkungsbemühungen oftmals nicht hinreichend, die erlaubten Kosten den target costs anzunähern. Erst durch eine strikte Markt- und Kundenorientierung bei der Auslotung und Realisierung von Kostensenkungspotenzialen gelingt es in der Regel, die erlaubten Kosten den target costs anzunähern.

Das Target Costing gibt auch bei der Auslotung und Realisierung Teilgewichte von Kostensenkungspotenzialen seine strenge Markt- und Kundenorientierung nicht auf. Dies wird dadurch erreicht, dass die Kunden bei geplanten Markteinführungen oder auch während des Produktlebenszyklus eines Produktes zur Gewichtung der Komponenten befragt werden. Das Ergebnis sind so genannte Teilgewichte.

In der folgenden Tabelle wird ein Beispiel zu der Bildung von Teilgewichten dargestellt.

Zielkostenspaltung							
		chrom			dunkel		
		€	%	Teilge-wichte	€	%	Teilge-wichte
Primärhalterung am Rahmen	K1	3,63	27,86	25,00 %	1,20	19,58	25,00 %
Klemmschrauben	K2	2,55	19,57	20,00 %	0,55	8,97	5,00 %
Sekundärhalterung am Rahmen	K3	1,65	12,66	35,00 %	0,76	12,40	40,00 %
Polyäthylenflasche	K4	2,60	19,95	10,00 %	1,72	28,06	20,00 %
Verschluss der Flasche	K5	0,60	4,60	10,00 %	0,50	8,16	10,00 %
Verkaufsprovision Vertrieb	K6	2,00	15,35	0,00 %	1,40	22,84	0,00 %
Selbstkosten/ drifting costs		13,03	100,00	100,00 %	6,13	100,00	100,00 %

Fortsetzung: Zielkostenspaltung				
			hell	
		€	%	Teilge-wichte
Primärhalterung am Rahmen	K1	0,78	13,73	25,00 %
Klemmschrauben	K2	0,40	7,04	8,00 %
Sekundärhalterung am Rahmen	K3	1,24	21,83	38,00 %
Polyäthylenflasche	K4	1,26	22,18	20,00 %
Verschluss der Flasche	K5	0,20	3,52	9,00 %
Verkaufsprovision Vertrieb	K6	1,80	31,69	0,00 %
Selbstkosten/drifting costs		5,68	100,00	100,00 %

Das Zielkostenkontrolldiagramm im Praxiseinsatz

Zielkostenkon-
trolldiagramm

Um sich schnell und übersichtlich einen Eindruck von den Komponenten und ihren kundenbezogenen Gewichtungen zu machen, ist im Rahmen des Target Costing ein Verfahren zur Darstellung entwickelt worden. Die resultierenden Daten der Zielkostenspaltung lassen sich in einem Zielkostenkontrolldiagramm darstellen, dessen Punkte aus dem tatsächlichen relativen Kostenanteil und den aus den Kundenbefragungen ermittelten Teilgewichten für die Produktkomponenten gebildet werden. Die so genannte Zielkostenzone veranschaulicht dabei die vom Management als akzeptabel vorgegebenen Abweichungen von der winkelhalbierenden „Ideallinie". Konkreter Handlungsbedarf besteht dann vor allem bei jenen Produktkomponenten, die aus der Zielkostenzone herausfallen.

Die folgende Abbildung 25 zeigt, dass die einzelnen Komponenten mit ihren relativen Kostenanteilen auf der Y-Achse und die durch die Kundenbefragung ermittelten Teilgewichte auf der X-Achse eingetragen werden. Entsprechend ergeben sich die Punkte in dem Diagramm, die die einzelnen Komponenten wiedergeben.

Die das Achsenkreuz halbierende Gerade (Winkelhalbierende) gibt dabei die Werte an, bei denen der relative Kostenanteil (in %) genau der Kundengewichtung (in %) entspricht. Diese Linie wird auch als Ideallinie bezeichnet, weil ein relativer Kostenanteil genau der Kundengewichtung entspricht. Dies bedeutet, dass dem relativen Kostenanteil einer Komponente eine „gleich hohe" Wertschätzung durch den Kunden gegenübersteht. Die Komponenten K1 und K2 des Produktes „chrom" liegen fast genau auf dieser Ideallinie, weil ihr relativer Kostenanteil der Teilgewichtung (Wertschätzung) durch die Kunden fast entspricht.

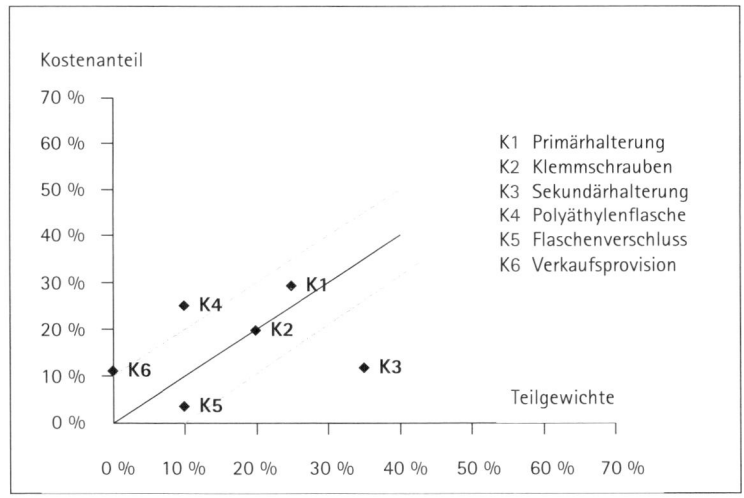

Abb. 25: Zielkostenkontrolldiagramm

Wie in der Abbildung zu sehen ist, wird die Ideallinie von einer Kostenzone umgeben. Sie ist als der vom Management festgelegte Toleranzbereich aufzufassen. In dieser Zielkostenzone sollten sich alle Komponenten des Produkts bewegen.

Die Anwendung der Entscheidungsregel der Zielkostenzone bedeutet beispielsweise, dass bezüglich der Komponente K3 unmittelbarer Handlungsbedarf besteht. Dem relativen Kostenanteil von 12,66 % steht eine kundenbezogene Teilgewichtung von 35 % gegenüber. Die Komponente K3 kostet dem Unternehmen 1,65 €, verursacht also relative Kosten in Höhe von 12,66 % (von insgesamt 13,03 €), hat aber in Kundenbefragungen eine Teilgewichtung von 35 % erzielt.

173

Umgerechnet in € bedeutet dies, dass den Kunden diese Komponente 4,56 € wert ist, nämlich 35 % der drifting costs (13,03 €). Selbstverständlich besteht in diesem Falle kein Handlungsbedarf, denn das Verhältnis von relativem Kostenanteil und Kundenteilgewichtung ist für das Unternehmen sehr „günstig". Zugleich zeigt die hohe Teilgewichtung, dass diese Produktkomponente den Kunden „etwas wert ist".

Die Produktkomponente K4 kostet 2,60 €, verursacht also relative Kosten in Höhe von 19,95 %. Bei der Kundenbefragung hat diese Komponente aber nur eine Teilgewichtung in Höhe von 10 % erzielt. Diese Komponente könnte gestrichen werden, weil sie aus der Toleranzzone heraus fällt. Bedingung dafür ist, dass es sich nicht um eine essentielle Komponente handelt, die etwas mit dem eigentlichen Produktzweck oder gar mit der Produktsicherheit zu tun hat. Da die Produktkomponente K4 essentiell für das Produkt ist, kommt ein Wegfall dieser Komponente nicht in Betracht. Das Management hat nun die Aufgabe, das vorhandene Kostensenkungspotenzial aufzudecken und zu realisieren.

Offenbar gibt es Produktkomponenten, die in der Kundenwahrnehmung von untergeordneter Bedeutung sind und zugleich über den Teilgewichten liegende relative Kosten verursachen. Dies sind die allerersten Kandidaten bei der Identifizierung von Kostensenkungspotenzialen. Eine schematische Anwendung der Entscheidungsregeln des Target Costing kann zu nicht marktgerechten Produkten führen. In jedem Einzelfall ist zu prüfen, ob eine Realisierung von Kostensenkungspotenzialen zu einem besseren Ergebnis führt als der Wegfall einer Komponente.

Fallbeispiel Benchmarking

Cost-Benchmarking

Eine spezielle Form des Benchmarking zur Senkung des Kostenniveaus ist das Cost-Benchmarking. Aus dem Vergleich mit anderen Unternehmen oder anderen Unternehmensbereichen sollen beim Cost-Benchmarking Informationen gewonnen werden, die dazu beitragen, die Kostenstruktur zu verbessern und das Kostenniveau zu senken. Ausgangspunkt des Cost-Benchmarking bildet die Bestimmung der relativen Kostenposition des eigenen Unternehmens. In einem weiteren Schritt sind die Kostenunterschiede und deren Ursachen zu analysieren. Aus dieser Analyse der Kostenunterschiede und deren Ursachen werden die Kostenantriebskräfte erkennbar. In einem letzten Schritt sind dann die Kostenantriebskräfte so zu beeinflussen, dass die angestrebte Veränderung der Kostenstruktur und des Kostenniveaus erreicht werden.

Cost-Benchmarking und Prozesskostenrechnung sind zwei sich ergänzende Instrumente des Kostenmanagements. Gerade in den indirekten Bereichen – dem Einsatzgebiet der Prozesskostenrechnung – verspricht Cost-Benchmarking hohe Kostensenkungspotenziale, weil

Cost-Bench-marking und Prozesskostenrechnung

- ein Konkurrenz-Benchmarking in diesen Bereichen eher Aussicht auf Erfolg hat als in den direkten Bereichen. Dies liegt darin begründet, dass das Konfliktpotenzial mit Konkurrenten in den indirekten Bereichen deutlich geringer ist,

- ein Cost-Benchmarking als funktionales Benchmarking in einem branchenübergreifenden Vergleich am ehesten möglich ist.

Kontroll-Check: Was ist Cost-Benchmarking?

Check ✓

1. Welches Ziel wird mit dem Cost-Benchmarking verfolgt?
2. In welchen Schritten wird ein Cost-Benchmarking durchgeführt?
3. Welche Gründe sprechen für die Durchführung eines Cost-Benchmarking in indirekten Bereichen?

Cost-Benchmarking-Prozess

Der Cost-Benchmarking-Prozess wird an einem Fallbeispiel im Zusammenhang mit der Prozesskostenrechnung trainiert.

Cost-Benchmarking-Prozess

Fallbeispiel: Das Unternehmen X hat als Cost-Benchmarking-Partner das Unternehmen Y gewonnen. Es wurden als Benchmarking-Objekt die Kosten des Prozesses „**Montageauftrag abwickeln**" gemeinsam ausgewählt.

175

Subprozesse

Folgende Subprozesse gehören zu dem Prozess „Montageauftrag abwickeln":

Auftrag terminieren
Material disponieren
Arbeit verteilen und Arbeitspapiere bereitstellen
Arbeitsfortschritt überwachen

Kostenermittlung

Für beide Unternehmen wurden die Kosten des Prozesses „Montageauftrag abwickeln" sowie seiner Subprozesse auf Basis von Kostenanalysen mit Hilfe der Prozesskostenrechnung ermittelt:

Benchmarking-Objekt	Unternehmen X	Unternehmen Y	Differenz X/Y
Prozess: „Montageauftrag abwickeln	38,70 €	33,90 €	4,80 €
Subprozess: „Auftrag terminieren"	7,90 €	7,60 €	0,30 €
Subprozess: „Material disponieren"	16,80 €	12,70 €	4,10 €
Subprozess: „Arbeit verteilen und Arbeitspapiere überwachen"	8,60 €	8,20 €	0,40 €
Subprozess: „ Arbeitsfortschritt überwachen"	5,40 €	5,40 €	0,00 €

Analyse der Kostenabweichung

Es fällt sofort ins Auge, dass die Kosten des Subprozesses „Material disponieren" bei dem Unternehmen Y deutlich geringer sind als bei dem Unternehmen X. Bei Unternehmen Y sind die Kosten für diesen Subprozess um 4,10 € bzw. um rd. 24,4 % niedriger als bei Unternehmen X.

Bei der Analyse der Kostenabweichung zeigt sich, dass das Unternehmen Y ein hochmodernes, automatisches, zentral gelegenes Hochregallager hat. Hingegen hat das Unternehmen X dezentrale Lager. Daher sind umfangreiche Dispositions- und Logistikprozesse erforderlich.

Das Unternehmen X setzt sich folgende Kostensenkungsziele:

Die Kosten des Subprozesses sollen kurzfristig von 16,80 € auf 15,70 € gesenkt werden. Erreicht werden soll dies über eine Optimierung der bestehenden Lager und der Logistikprozesse.

Kostensenkungsziele

Die Kosten des Subprozesses sollen langfristig auf 11,70 € gesenkt werden. Erreicht werden soll dies durch den Bau eines zentralen Hochregallagers.

Das ehrgeizige langfristige Kostenziel, die eigenen Kosten unter die Kosten des Konkurrenzunternehmens zu senken, resultiert aus der Philosophie des Benchmarking. Es geht beim Benchmarking nicht darum, so gut wie der Beste zu werden, sondern der Beste zu werden.

Es geht beim Cost-Benchmarking nicht darum, „Erfolgskonzepte" anderer Unternehmen zu kopieren, sondern vielmehr darum, Prozesse von Unternehmen, die auf einem bestimmten Teilgebiet führend sind,

- kennen zu lernen,
- mit den eigenen Prozessen zu vergleichen,
- die Bestimmungsfaktoren der kostengünstigeren Prozesse zu erkennen,
- diese kostengünstig neu zu kombinieren,
- an die Bedingungen des eigenen Unternehmens anzupassen und
- zu implementieren.

Kontroll-Check: Cost-Benchmarking-Prozess   Check ✓

1. Welche Ziele wurden im Fallbeispiel mit dem Cost-Benchmarking verfolgt?
2. In welchen Schritten wurde im Fallbeispiel der Cost-Benchmarking-Prozess realisiert?

	Zusammenfassung: Umsetzung des Kostenmanagements in die betriebliche Praxis
1.	**Fallbeispiel Ablauf des Zero-Base-Budgeting:** **1. Woche** Unternehmensaktivitäten wurden in Aufgabeneinheiten aufgeteilt. **2. Woche** Die Teammitglieder beschrieben Aufgaben und Zielsetzungen der Aufgabeneinheiten. Aus den Unternehmenszielen wurde eine Zielpyramide erstellt. **3. Woche** Die Abteilungsleiter beschrieben auf Grundlage der vorgegebenen Ziele die Aufgaben und Ziele ihrer Aufgabeneinheiten. **4. Woche** Ergebnisniveaus wurden festgelegt. **5. Woche** Alle Vorschläge wurden kritisch auf Plausibilität geprüft. Die Vorschläge wurden abgeändert und in eine Rangordnung gebracht. **6. Woche** Die Vorschläge wurden noch einmal intensiv überarbeitet; Kosten und Nutzen gegenübergestellt. **7. Woche** Die Vorschläge wurden nochmals inklusive Kosten und Investitionen überprüft. Es wurde ein Budgetschnitt durchgeführt. Die Vorschläge, die zehn Prozent unter und über der Schnittlinie lagen, wurden nochmals analysiert. Danach wurde entschieden, was realisiert werden und was später wieder vorgelegt werden soll.
2.	**Fallbeispiel Zielkostenrechnung:** In einer ersten Kostensenkungsphase geht es darum, die eigenen Selbstkosten (drifting costs) den erlaubten Kosten anzunähern. In der zweiten Kostensenkungsphase wird versucht, die erlaubten Kosten an die Zielkosten anzunähern. Dementsprechend können minimale und maximale Einsparvolumen je Produkt bestimmt werden.

	Zur systematischen Analyse der Kostensenkungspotenziale wird eine Zielkostenspaltung durchgeführt. Die Zielkostenspaltung wird mit einer Teilgewichtung aus der Kundenperspektive angereichert. Aus den Daten der Zielkostenspaltung wird ein Zielkostenkontrolldiagramm erstellt. Die Zielkostenzone zeigt die vom Management als akzeptabel vorgegebenen Abweichungen. Konkreter Handlungsbedarf besteht bei jenen Produktkomponenten, die aus der Zielkostenzone herausfallen.
3.	**Fallbeispiel Benchmarking**: Eine spezielle Form des Benchmarking ist das Cost-Benchmarking. Es soll dazu beitragen, die Kostenstruktur zu verbessern und das Kostenniveau zu senken. Das Cost-Benchmarking-Projekt wurde wie folgt durchgeführt: 1. Das Unternehmen suchte einen Cost-Benchmarking-Partner. 2. Gemeinsam mit dem Cost-Benchmarking-Partner wurde das Benchmarking-Objekt „Montageauftrag abwickeln" ausgewählt. 3. Für beide Unternehmen wurden die Subprozesse zu dem Prozess „Montageauftrag abwickeln" definiert. 4. Es wurden für beide Unternehmen die Kosten des Prozesses „Montageauftrag abwickeln" sowie seiner Subprozesse mithilfe der Prozesskostenrechnung ermittelt. 5. Es wurde eine Kostenabweichungsanalyse durchgeführt und die Bestimmungsfaktoren der kostengünstigeren Prozesse wurden ermittelt. 6. Es wurden die Kostensenkungsziele festgelegt und die Maßnahmen zur Realisierung der Kostensenkungsziele geplant.

Literaturverzeichnis

Training 1: So können Unternehmen den Umsatz sichern

Graßhoff, Jürgen: Betriebliches Rechnungswesen und Controlling, Band II: Rechnungswesen und Controlling, 3. erw. Aufl., Hamburg 2001

Graßhoff, Jürgen: Betriebliches Rechnungswesen und Controlling, Band I: Betriebliches Rechnungswesen, 4., neu bearb. Aufl., Hamburg 2000

Haunerdinger, Monika; Probst, Hans-Jürgen: Kosten senken: Checklisten, Rechner, Methoden, München 2005

Horváth, Peter; Gaiser, Bernd: Implementierungserfahrungen mit der Balanced Scorecard im deutschen Sprachraum: Anstöße zur konzeptionellen Weiterentwicklung, in: BfuP, Heft1, 2000, S. 17-35

Horváth, Peter ; Kaufmann, Lutz: Balanced Scorecard – ein Werkzeug zur Umsetzung von Strategien, in: Harvard Businessmanager, Heft 5, 1998, S. 39-48

Kaplan, Robert S., Norton, David P: The Balanced Scorecard – Measures that drive Performance, in: Harvard Business Review, Vol. 70, Nr. 1, 1992, S. 71-79

Kaplan, Robert S., Norton, David P.: Putting the Balanced Scorecard to work, in: Harvard Business Review, Vol. 71, Nr. 5, 1993, S. 134-147

Kremin-Buch, Beate: Strategisches Kostenmanagement – Grundlagen und moderne Instrumente, Wiesbaden 1998

Kück, Ursula: Schnelleinstieg Controlling, 2. Aufl., München 2005

Kumpf, Andreas: Balanced Scorecard in der Praxis - In 80 Tagen zur erfolgreichen Umsetzung, Landsberg/Lech 2001

Nagl, Anna; Rath, Verena: Dienstleistungscontrolling, München 2004

Training 2: Leistungen und Aufträge kalkulieren

Beinhauer, M.; Schellhaas, K.-U.: Entscheidungsrelevanz in der Prozeßkostenrechnung, in: krp, Nr. 6, 1992, S. 301-309

Biel, A.: Anwendung der Prozeßkostenrechnung, in: Controller Magazin, Nr. 5, 1990, S. 255-258

Busse von Kolbe, W.: Lexikon des Rechnungswesens, Handbuch der Bilanzierung und Prüfung der Erlös-, Finanz-, Investitions- und Kostenrechnung, München 1994

Chmielewicz, K.; Schweitzer, M. (Hrsg.): Handwörterbuch des Rechnungswesen, 3. Auflage, Stuttgart 1993

Cooper, R. (1990): Activity-Based-Costing, in: Kostenrechnungspraxis, Nr. 6, 1990, S. 345-351

Cooper, R.: The Rise of Activity-Based Costing - Part Three: How many cost drivers do you need, and how do you select them?, in: Journal of Cost Management, Vol. 3, 1989, S. 34-46

Graßhoff, Jürgen: Betriebliches Rechnungswesen und Controlling, Band II: Rechnungswesen und Controlling, 3. erw. Aufl., Hamburg 2001

Graßhoff, Jürgen: Betriebliches Rechnungswesen und Controlling, Band I: Betriebliches Rechnungswesen, 4., neu bearb. Aufl., Hamburg 2000

Horváth, P.; Kieniger, M.; Mayer, R.; Schimank, C.: Prozeßkostenrechnung – oder wie die Praxis die Theorie überholt. Kritik und Gegenkritik, in: DBW, Nr. 5, 1993, S. 609-628

Kremin-Buch, Beate: Strategisches Kostenmanagement – Grundlagen und moderne Instrumente, Wiesbaden 1998

Männel, W. (Hrsg.): Handbuch Kostenrechnung, Wiesbaden 1992

Posluschny, Peter: Controlling für das Handwerk, München/Wien 2004

Posluschny, Peter: Kostenrechnung für die Gastronomie, 2. Auflage, München/Wien 2004

Posluschny, Peter: Prozessorientiertes Kostenmanagement in Krankenhausbetrieben: Hamburg 2002

Riebel, Peter.: Einzelerlös-, Einzelkosten- und Deckungsbeitragsrechnung als Kern einer ganzheitlichen Führungsrechnung, in: krp, Nr. 1, 1994, S. 9-31.

Schorlemer, Georg; Posluschny, Peter: Operatives Controlling. Mit Fallstudien und Lösungen aus der Unternehmensberatung, Hamburg 2000

Schorlemer, Georg; Posluschny, Peter; Prange, Christine: Kostenmanagement in der Praxis, Wiesbaden 1998

Training 3: Kosten senken

Gaitanides, M.; Scholz, R.; Vrohlings, A.: Prozeßmanagement – Grundlagen und Zielsetzungen, in: Gaitanides, M.; Scholz, R.; Vrohlings, A.; Raster, M. (Hrsg.): Prozeßmanagement. Konzepte, Umsetzungen und Erfahrungen des Reengineerings, München/Wien S. 1-19

Graßhoff, Jürgen: Betriebliches Rechnungswesen und Controlling, Band II: Rechnungswesen und Controlling, 3. erw. Aufl., Hamburg 2001

Graßhoff, Jürgen: Betriebliches Rechnungswesen und Controlling, Band I: Betriebliches Rechnungswesen, 4., neu bearb. Aufl., Hamburg 2000

Haunerdinger, Monika; Probst, Hans-Jürgen: Kosten senken: Checklisten, Rechner, Methoden, München 2005

Kremin-Buch, Beate: Strategisches Kostenmanagement – Grundlagen und moderne Instrumente, Wiesbaden 1998

Kück, Ursula: Schnelleinstieg Controlling, 2. Aufl., München 2005

Meffert, H.: Marktorientierte Führung von Dienstleistungsunternehmen – neuere Entwicklungen in Theorie und Praxis, in: Die Betriebswirtschaft, Nr. 4, 1994, S.519-541

Nagl, Anna; Rath, Verena: Dienstleistungscontrolling, München 2004

Posluschny, Peter: Controlling für das Handwerk, München/Wien 2004

Posluschny, Peter: Prozessorientiertes Kostenmanagement in Krankenhausbetrieben: Hamburg 2002

Schorlemer, Georg; Posluschny, Peter; Prange, Christine: Kostenmanagement in der Praxis, Wiesbaden 1998

Abbildungsverzeichnis

Stichwortverzeichnis

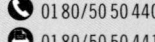

Qualifizierung und Weiterbildung im Bereich Unternehmenssteuerung und Controlling

Intensivtraining für Controller

Grundlagen — Organisation — Instrumente

Controlling als effektive, vernetzte Steuerungsphilosophie ist heute im Management-prozess unentbehrlich. In diesem Basistraining gewinnen Sie fundierte Kenntnisse der wesentlichen Controlling-Werkzeuge. Dabei bleibt die Rolle des Controllers als interner Navigator zur Unterstützung des Managements stets im Blick.

Ihr Nutzen

- Sie erfahren von kompetenten Experten den aktuellen Stand entscheidungs- und führungsorientierter Controllingsysteme.
- Sie lernen Controlling als integrierten Managementprozess zu verstehen, zu praktizieren und zu organisieren.
- Sie verbessern Ihre Argumentations- und Handlungsfähigkeit.
- Sie können im persönlichen Gespräch Ihre individuellen Fragestellungen klären.
- Sie profitieren vom Erfahrungsaustausch mit anderen Teilnehmern.
- Viele praktische Übungen zeigen Ihnen die Vorgehensweise.

Ausführliche Informationen unter:

Tel. 0761 4708-811 oder
im Internet: www.haufe-akademie.de

Weitere Top-Seminare zum Thema

- Managementorientierte Kosten-, Leistungs- und Investitionsrechnung
- Strategisches Controlling
- Psycho-Logik für Controller

u. a.